经济作物
设施栽培节水灌溉
实用手册

主　编　童正仙
副主编　奕永庆　张　雅
　　　　卢　成　陆寿忠
主　审　蒋　屏

内容提要

本书针对现代农业快速发展及微灌在设施农业中的应用效果，以设施农业中发展前景较好的葡萄、草莓、西瓜、甜瓜、番茄、茄子、辣椒等7种主要经济作物为对象，通过微灌设备器材的分析对比、经济作物栽培的观测试验，将理论与实践相结合、农艺技术和水利技术相结合、物化技术和活化技术相结合，提出了典型作物在设施栽培环境下的节水灌溉模式和先进实用技术，旨在提高微灌技术在设施栽培中的应用水平，推进现代农业和现代水利快速发展。

本书可供广大葡萄、草莓、西瓜、甜瓜、茄果类蔬菜等设施农业栽培者和基层农业及水利技术人员使用；也可供设施农业技术、园艺类、水利类相关专业学生、教师参考。

图书在版编目（CIP）数据

经济作物设施栽培节水灌溉实用手册 / 童正仙主编
. -- 北京 : 中国水利水电出版社, 2014.5
ISBN 978-7-5170-2549-8

Ⅰ. ①经… Ⅱ. ①童… Ⅲ. ①经济作物－设施农业－节约用水－灌溉－手册 Ⅳ. ①S560.71-62

中国版本图书馆CIP数据核字(2014)第220895号

书　名	经济作物设施栽培节水灌溉实用手册
作　者	主　编　童正仙
出版发行	中国水利水电出版社 （北京市海淀区玉渊潭南路1号D座　100038） 网址：www.waterpub.com.cn E-mail：sales@waterpub.com.cn 电话：（010）68367658（发行部）
经　售	北京科水图书销售中心（零售） 电话：（010）88383994、63202643、68545874 全国各地新华书店和相关出版物销售网点
排　版	北京零视点图文设计有限公司
印　刷	北京印匠彩色印刷有限公司
规　格	184mm×260mm　16开本　8.25印张　152千字
版　次	2014年5月第1版　2014年5月第1次印刷
印　数	0001—4000册
定　价	**42.00**元

序

科技发展日新月异，现代农业迈步前行。几年间，在浙江的田野上涌现出一片片大棚、温室，一批批现代农业园区，带给我们现代化的气息和曙光。建设现代农业成为浙江转变经济发展方式的重要任务，发展设施农业成为改变传统农业迈向现代农业的重要特征。

科技的进步，已经可以无土栽培，但还不能无水栽培，农业的发展有赖于水利的支撑。综观世界农业发达国家，都将农业技术与农田水利技术融为一体进行研究、开发、应用。以色列在土地贫瘠和水资源匮乏的环境条件下，通过微灌技术的精准应用，创造了发达农业的奇迹是很好的例证，值得学习借鉴。

浙江人多地少，经济社会快速发展面临用地需求的压力，保障农产品有效供给又需一定规模的种植面积，充分运用农业与水利技术，大幅度提高土地产出率，无疑是缓解矛盾的有效途径。设施栽培技术与微灌技术科学结合、推广应用，不仅是现代农业发展方向的要求，也是经济社会发展的现实需要。

这些年，尽管设施农业迅速增长方兴未艾，但产量和品质与发达国家相比仍有明显差距，反映了综合技术水平不高，管理依靠经验，缺乏量化精准。微灌技术是一种环境友好、最为节水的精细灌溉技术，具有提高产量、改善品质的显著效果，微灌技术的配套应用是设施栽培的关键环节。对此，由农艺、水利科技人员组成的课题组紧密结合浙江现代农业发展方向，围绕设施栽培中微灌技术的应用实际，选取 7 种主要经济作物为对象，通过微灌设备器材的分析对比、经济作物栽培的观测试验，理论与实践相结合，面向基层服务农业，编写了《经济作物设施栽培节水灌溉实用手册》，具有较好的针对性、适用性，简捷通俗易于使用。由衷希望此书的出版发行，能有益于提高微灌技术在设施栽培中的应用水平，促进现代农业的发展。

浙江省水利厅厅长 陈川

2013 年 9 月

前言

水是生命之源、生产之要、生态之基。随着经济社会各项产业的快速发展和气候环境的变化，可利用的优质水资源日显紧缺，用水矛盾及水利问题十分突出。2011 年中央一号文件《中共中央 国务院关于加快水利改革发展的决定》是新中国成立以来中央首个关于水利的综合性政策文件，文件第一次全面深刻阐述水利在现代农业建设、经济社会发展和生态环境改善中的重要地位，指出水资源供需矛盾突出仍然是可持续发展的主要瓶颈；再次警示我们加快水利建设刻不容缓；要大力发展节水灌溉，推广渠道防渗、管道输水、喷灌滴灌等技术；普及农业高效节水技术。之后几年的中央一号文件仍都强调要大力发展高效节水灌溉，推进农业现代化进程。

设施农业是农业现代化的重要标志，是传统精耕细作与现代物质技术装备相辅相成的集中体现；其效益是传统农业的几倍甚至几十倍。设施农业以温室、大棚为主要基础设施，在大棚里栽培作物，除了通过覆盖起到保温、降温、遮阳等改善环境调节作物生长外，很大一个特点是遮挡了雨水的自然淋润和冲刷，完全靠灌溉供给植物生长发育所需的水分；同时，灌溉也是调节设施内土壤温度、湿度、空气等状况的重要手段，对作物的产量、品质及效益起着极其重要的作用。所以，在设施栽培中，实施有效的节水灌溉、精准灌溉显得尤为重要。

设施农业随着社会经济和现代科技的发展而快速发展。工业化信息化城镇化的快速发展对同步推进农业现代化的要求更为迫切，地少水缺的环境资源约束推进着农业发展方式的转变。在浙江等经济发达地区，随着工业反哺农业等一系列政策的实施，设施农业发展极为迅速，已成为农业产业转型升级的重要举措。浙江省 2001 年设施栽培面积仅为 69.75 万亩， 2007 年发展到 127.2 万亩，2012 年达到 273.7 万亩，比 2011 年增 8.6%；且大棚档次明显提高，联栋大棚、智能温室数量增加更明显，分别比 2011 增 19.2% 和 39.7%。浙江省委还专门下发了《关于加快推进农业现代化的若干意见》（浙委〔2012〕118 号）：计划通过三年努力，使特色精品农业、生态循环农业、设施智慧农业水平领先全国；计划到 2015 年，全省设施种植业面积达 300 万亩，设施种植面积比重达到 10% 以上，高效节水灌溉面积占有效灌溉面积的20%。在设施内推广和实施有效的节水灌溉模式，已成为节约水资源、提高水利用率，增进栽培效益、改善生态环境的重要手段。为推进现代农业和现代水利快速发展，互为促进起到很好的示范引领作用，项目组通过大量探索和实践，将农艺技术和水利技术相结合，将物化技术和活化技术相结合，总结提出了目前浙江等南方地区发展极快、面积较大、效益较好，并具有良好发展前景的葡萄、草莓、西瓜、甜瓜、茄果类蔬菜等典型作物的在设施栽培特定环境下的节水灌溉模式，以供广大栽培者和基层农业及水利技术人员参考。

本书由童正仙任主编，奕永庆、张雅、卢成、陆寿忠任副主编，蒋屏任主审，沈自力任副主审，参编人员有吕萍、曾洪学、童英富、徐瑛丽、陈瑾、屈兴红、钱浩。本书在编写过程中，得到了胡金龙、骆红群、姜飞、龚闻佳、马骏、陈灵丹等的帮助，为本书编写提供了案例、图片等。书稿初步完成后，承蒙浙江省水利河口研究院郑世宗副所长提出富贵的修改意见和建议；还承蒙浙江省水利厅陈川厅长的厚爱和关怀，并在百忙之中为本书作序，在此一并表示衷心的感谢！

由于编者的专业技术水平、调查研究、实践经验和文字表达能力有限，书中疏漏之处在所难免，敬请有关专家、同行、广大读者批评指正。

编者

2013年9月

目 录

第一章 概 论

第一节 设 施 栽 培

一、设施栽培的基本概念

设施栽培是以人为手段，运用一定设施和工程技术改变自然环境，对温度、光照、水分、空气等植物生长环境因素进行调控，创造植物生长发育要求的最佳环境，实现农产品的工业化生产和周年生产及土、热、光、水、气等自然资源的最优化利用，形成可持续发展的现代农业生产体系。

二、设施栽培的特点

设施栽培具有高投入、高技术含量、高管理要求、高品质、高产量和高效益等特点，是最具活力的现代新型农业。设施农业是涵盖建筑、材料、机械、自动控制、品种、园艺技术、栽培技术和管理等学科的系统工程，其发达程度是体现农业现代化水平的重要标志之一。具体表现如下。

（1）投入大。设施栽培的设施投入、农业生产物资投入及劳动力投入均较普通栽培大得多。

（2）技术含量高。设施栽培涉及生物、环境等多学科技术及其综合应用技术，对经营者的生产技术和管理水平都要求较高。

（3）资源利用率高。设施栽培对环境调控能力强，可以最大限度地优化和提高土壤、水分、光照、空气等自然资源的利用率。

（4）生产效益好。设施栽培的农产品质量、产量均较高、从而获得的产值和效益也较高，可以是普通露地栽培的几倍甚至几十倍。

（5）农业现代化水平的重要标志。设施农业是生物技术、环境技术、工程技术、建筑科学、材料科学及信息工程等多学科技术的高度体现，是农业现代化发展进程和水平的重要标志。

三、设施栽培的类型

设施栽培根据栽培的目的可分为促成栽培、延后栽培、避雨栽培、遮阳栽培、防虫防鸟栽培等。

设施栽培根据所用设施的类型可以分为简易设施栽培（包括温床、小拱棚、遮阳覆盖、避雨覆盖等）、普通保护设施栽培(包括大中拱棚和日光温室)、现代温室栽培（包括玻璃或硬质塑料板或塑料薄膜的大型单栋温室和联栋温室，可以实行温度、湿度、肥料、水分和气体等环境条件自动控制）、植物工厂（是设施栽培的最高层次，完全实现了管理的机械化和自动化）等。

目前浙江省发展和应用较多的是塑料大棚和联栋大棚，但随着经济和科技的发展，采用先进工程技术和智能化管理的联栋大型温室也发展越来越快。下面简要介绍几种常见的大棚和温室类型。

1. 钢架大棚

钢架大棚棚型主要以直径 22mm、厚 1.2mm 的镀锌薄壁钢管为大棚骨架材料，棚宽 6m，顶高 2.2 ~ 2.5m，肩高 1.2m，土地利用率 80%，使用寿命 10 年以上。一般棚长 30 ~ 50m，常见为 6m × 30m，俗称为标准棚。一般造价 15 ~ 30 元 /m^2，每亩成本 1 万 ~ 2 万元不等。适合种植蔬菜、瓜果、花卉等，缺点是棚宽较小，操作管理工效较低，冬季保温性较弱。是目前应用最广泛的大棚类型。主要用于茄果类、瓜类等园艺作物的冬春季和夏季育苗；草莓的促成栽培，蔬菜、瓜果的春提早、秋延后栽培或从春到秋的长季节栽培(夏季去掉裙膜，换上防虫网，再覆盖遮阳网)；果树的促成栽培、避雨栽培等（图 1-1）。

图 1-1　装配式钢管大棚

2. 简易竹架大棚

图 1-2 简易竹架大棚

简易竹架大棚棚型是用直径 4cm 的圆竹或 5cm 宽的竹片做拱杆而成的大棚。一般宽 5 ~ 6m，顶高 2 ~ 3.2m，侧高 1 ~ 1.2m，拱杆间距 1 ~ 1.1m。其优点是造价低，取材方便，每亩成本约 0.3 万元，但棚内柱子多，遮光率受影响，作业不方便，使用寿命短，抗风雪性能差。由于成本低，该类型也是目前应用较多的类型之一（图 1-2）。

3. 钢竹混合大棚

钢竹混合大棚棚型结构与钢架大棚相同，间隔用钢管和竹竿做拱杆，具有节约钢材、降低造价、操作便利等特点，有一定的应用面积，性能与成本介于钢架大棚和竹架大棚之间。

4. 提高型钢架大棚

提高型钢架大棚棚型与普通钢架大棚相比增加了棚体的高度、宽度，提高了棚侧通风窗的高度、宽度，增大了棚内空间，有利于提高管理工效和保温性，提高了土地利用率。该棚型通常采用直径 28 ~ 32mm、厚 1.5mm 的镀锌管，顶高 3.2 ~ 3.5m，肩高 1.8m，棚体空间大，适宜种植高蔓蔬菜、瓜果等。但设施成本大幅度提高，一般造价 30 ~ 45 元 /m^2，每亩成本 2 万 ~ 3 万元，主要适合于农业示范园区及有一定经济实力的农户应用（图 1-3）。

图 1-3 提高型钢架大棚

5. 联栋大棚

大型联栋式塑料大棚是近十几年开发并得到迅速发展的一种大棚。通常跨度在 6~8m，开间在 4m 左右，肩高 3~4m。以自然通风为主，有侧窗通风和顶窗通风，使用侧窗和顶窗联合通风，效果更好。最大宽度在 50m 以内，最好在 30m 左右。造价在 100 ~ 200 元 /m^2 不等，每亩成本约 6.7 万 ~ 13.4 万元。

该类大棚比单体大棚具有更稳定的环境性能，以及更方便的操控性，近年来在葡萄、草莓、瓜果蔬菜、花卉的促成栽培中应用越来越广（图 1-4）。

图 1-4　联栋大棚

6. 塑料温室

塑料温室的基本结构与联栋大棚基本类似， 常用的型号有 7430 型（即跨度 7m，间距 4m，肩高 3m，下同）、8430 型、7340 型、8340 型等。通风有侧窗，也有顶窗，以机械通风为主。温室最大宽度可扩大到 60m，但最好控制在 50m 左右；温室长度，最好控制在 100m 以内，但没有严格的要求。温室内通常除安装有水帘、风机等通风降温系统外，还配置有加温、遮阳等系统，具有温度、光照、湿度、空气等调控能力，这是与联栋大棚的最大区别。由于其覆盖材料主要为塑料薄膜，对架材及基础的强度要求比玻璃温室低，所以其应用范围高于玻璃温室，成为现代温室发展的主流。造价在 200 ~ 800 元 /m^2 不等，每亩成本在 13.4 万 ~33.5 万元。此类温室主要用于蔬菜、花卉、果树的促成栽培及种苗生产（图 1-5）。

图 1-5　塑料温室

7. 玻璃温室

玻璃温室是以玻璃为透明覆盖材料的温室。由于玻璃质量重，对基础和架材的要求较高，目前通常使用的玻璃温室多数为 Venlo 型玻璃温室，如图 1-6 所示。

Venlo 型玻璃温室为多脊联栋型，其标准脊跨为 3.2m 或 4.0m，单间温室跨度为 6.4m、8.0m、9.6m 等，大跨度的可达 12.0m 和 12.8m。柱间距 4.0 ~ 4.5m，柱高 2.5 ~ 4.3m，脊高 3.5 ~ 4.95m，玻璃屋面角度为 25°，通常配置加温系统、降温系统、遮阳系统等环境调控系统。一般造价在 600 ~ 1000 元 /m^2，亩成本在 40 万 ~ 80 万元。

图 1-6　Venlo 型玻璃温室

单脊联栋温室的标准跨度为 6.4m、8.0m、9.6m、12.8m。造价在 800~1200 元 /m^2 不等，亩成本为 53.5 万 ~ 80 万元。

此类温室主要用于高档蔬菜、花卉、果树的促成栽培（图 1-6）。

8. 避雨棚

这类棚以顶部覆盖塑料薄膜避免雨水直接淋洗植株为主要目的。避雨棚的覆盖宽度和高度一般因植物种类和栽培方式而定，宽度通常以避免雨水淋刷植株为度，一般与畦宽同宽，或 2 ~ 4 畦宽共一个顶，即 2 ~ 4 畦宽，棚高以不影响植物正常生长、不致使植株灼伤为度，一般离植株顶部 50cm 以上。每亩成本在 0.3 万 ~ 0.7 万元。这类棚主要用于不适宜雨水直接淋洗和空气湿度太大的作物，如浙江省等南方地区的葡萄避雨栽培。如部分支架与葡萄支架共用，则成本更低（图 1-7）。

图 1-7　避雨棚

第二节　节　水　灌　溉

一、节水灌溉的基本概念

节水灌溉是根据作物需水规律及当地供水条件，为了有效地利用降水和浇灌水，获取农业的最佳经济效益、社会效益、生态环境效益而采取的多种措施的总称。因此，凡是在灌溉水从水源到田间这些环节中能够减少水量损失、提高浇灌水使用效率和经济效益的各种措施，均属节水灌溉范畴。

广义的节水灌溉技术内容十分广泛，包括工程、技术、农业、管理、政策法规等多方面的措施。狭义的节水灌溉技术措施，主要包括提高用水管理水平、降低渠道水量损失、采用节水灌溉方法和技术等，其中节水灌溉方法主要有节水型地面灌溉、低压管道灌溉、喷灌、微灌等。

微灌是以上灌溉方法中节水效果最好、对作物生长最有利、对生态小环境破坏最小、调节最有效的灌溉方法，是设施农业中应用最多的灌溉方法，也是设施农业和现代农业发展的重要标志。本书重点介绍微灌技术。

二、微灌的种类与特点

1. 微灌的种类

微灌是利用微灌设备组装成微灌系统，将有压水输送分配到田间，通过灌水器以微小的流量湿润作物根部附近土壤的一种局部灌水技术。微灌可以按不同的方法分类，按所用的灌水器及出流形式不同，主要有滴灌、微喷灌、小管出流灌和渗灌四种，这里着重介绍本省设施农业中常用的滴灌和微喷灌。

（1）滴灌。滴灌是利用安装在末级管道（毛管）上的滴头，或与毛管制成一体的滴灌带将压力水以水滴状湿润土壤。通常将毛管和灌水器放在地面，也可以把毛管和灌水器埋入地面以下 30 ~ 40cm。前者称为地表滴灌，后者称为地下滴灌。滴灌灌水器的流量为 2 ~ 12L/h（图 1-8）。

图 1-8　滴管灌溉示意图

（2）微喷灌。微喷灌是利用直接安装在毛管上，或与毛管连接的微喷头将压力水以喷洒状湿润土壤。微喷头有固定式和旋转式两种。前者喷射范围小，水滴小；后者喷射范围较大，水滴也大些，故安装的间距也大。微喷头的流量通常为 20 ~ 250L/h（图 1-9）。

图 1-9　微喷灌示意图

还有一种水带微喷灌，即在很薄的水带上打上小孔，水带充水后，细小的丝状水柱从小孔射出，形成毛毛细雨喷洒作物（图 1-10）。

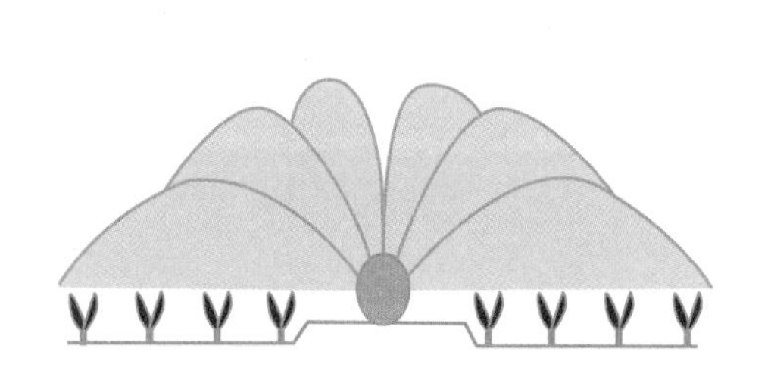

图 1-10　水带微喷灌示意图

2. 微灌的优缺点

（1）优点。微灌可以非常方便地将水施灌到每一株植物附近的土壤，满足作物生长需要。微灌具有以下诸多优点：

1）适应性强。微灌是采用压力管道将水输送到每棵作物的根部附近，可以对不同的栽培方式（包括立体栽培）及在任何复杂的地形条件下有效工作，甚至在某些很陡的土地或乱石滩上种的树也可以采用微灌。

2）灌水均匀。微灌系统能够做到有效地控制每个灌水器的出水流量，因而灌水均匀度高，一般可达 80% ~ 90%。

3）省水省工。微灌按作物需水要求适时适量地灌水，仅湿润根区附近的土壤，因而显著减少了水损失和浪费。微灌是管网供水，操作方便，劳动效率高，而且便于自动控制，因而可明显节省劳力。同时微灌是局部灌溉，大部分地表保持干燥，减少了杂草的生长，肥料和药剂可通过微灌系统与灌溉水一起直接施到根系附近的土壤中，提高了施肥、施药效率和利用率。微灌灌水器工作压力一般为 50 ~ 150kPa，比喷灌低得多，又因微灌比地面灌溉省水，对提水灌溉来说意味着减少了能耗。

4）改变小环境，增产增效。微灌能适时、适量地向作物根区供水、供肥，为作物根系活动层土壤创造了良好的水、热、气、养分状况，保证了作物的良好生长发育，减少了杂草生长，抑制病虫害的发生和繁殖；同时，避免了病虫害随灌溉水的田间流动等传播，能有效减少病虫害的发生和发展。因而可实现高产、稳产，提高产品质量，从而实现高效。

（2）缺点。

1）灌水器易堵塞。灌水器出口很小，易被水中的矿物质或有机物质堵塞，使系统局部失效。

2）对首部过滤要求高。

3）工程造价相对较高。

4）使用维护要求高。

第二章　微灌设备及安装

第一节　微灌系统的组成和分类

一、微灌系统的组成

微灌系统由水源、首部枢纽、输配水管网、灌水器以及流量、压力控制部件和量测仪表等组成。

1. 水源

江河、渠道、湖泊、水库、井、泉等均可作为微灌水源，其水质需符合微灌要求。

2. 首部枢纽

首部枢纽包括水泵、动力机、肥料和农药注入设备、过滤设备、控制阀、进排气阀、压力及流量量测仪表等（图 2-1）。

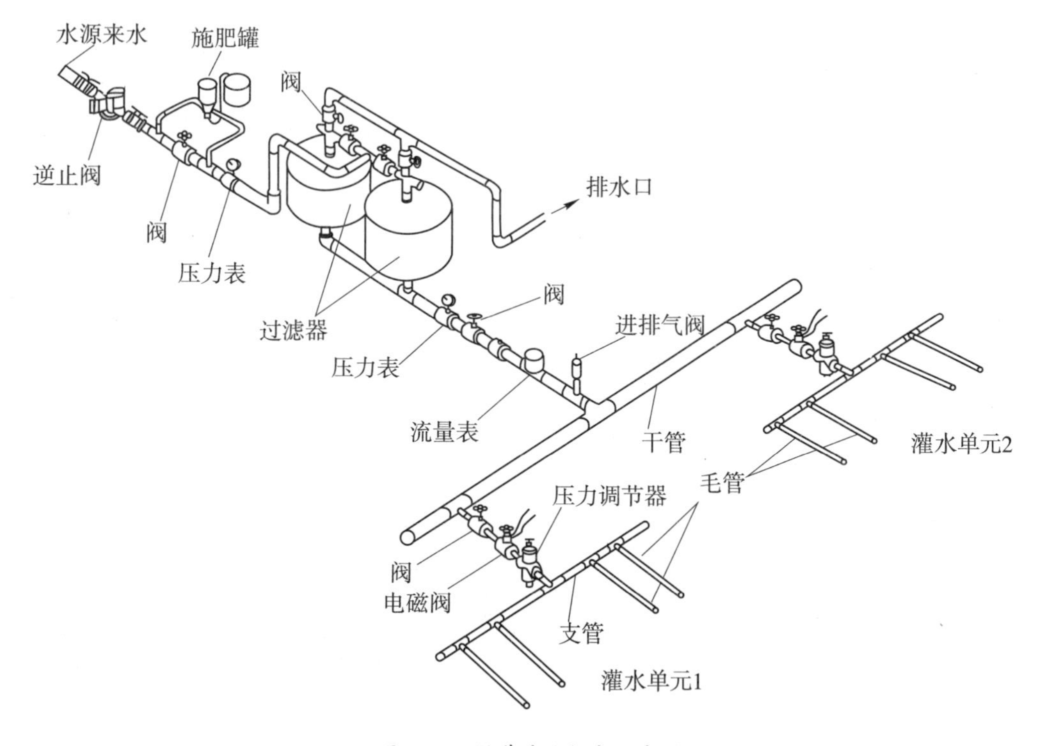

图 2-1　微灌系统组成示意图

微灌常用的水泵有潜水泵、离心泵等。动力机可以是柴油机、电动机等。当然在有足够自然水头的地方不需要水泵。

在供水量需要调蓄或含沙量很大的水源，需要修建蓄水池和沉淀池。沉淀池用于去除水源中的大固体颗粒，为了避免在沉淀池中产生藻类植物，应将沉淀池或蓄水池加盖或遮阳。

过滤设备的作用是将灌溉水中的固体颗粒滤去，避免造成系统堵塞。肥料和农药注入设备用于将肥料、除草剂、杀虫剂等直接加入微灌系统，注入设备应设在过滤设备之前。

流量及压力量测仪表用于测量管线中的流量或压力，包括水表、压力表。水表用于测量管线中流过的总水量，根据需要可以安装于首部，也可以安装于任何一条干、支管上。如安装在首部，须设于施肥装置之前，以防肥料腐蚀。压力表用于测量管线中的内水压力，在过滤器和密封式施肥装置的前后各设一个压力表，可观测其压力差，以判定施肥量的大小和过滤器是否需要清洗。

控制器用于对系统进行自动控制，一般控制器具有定时或编程功能，根据用户给定的指令操作电磁阀。

控制阀一般有闸阀、逆止阀、空气阀、电磁阀等。

3. 输配水管网

输配水管网的作用是将首部枢纽处理过的水按照要求输送分配到每个灌水单元和灌水器，输配水管网包括干、支管和毛管三级管道。毛管是微灌系统的最末一级管道，其上安装或连接灌水器。

4. 灌水器

灌水器是微灌设备中最关键的部件，是直接向作物灌水的设备，其作用是把末级管道（毛管）的压力水流均匀而又稳定地灌到作物根区附近的土壤中，消减压力将水流变为水滴或细流或喷洒状施入土壤，灌水器质量的好坏直接影响到微灌系统的寿命及灌水质量的高低。灌水器种类繁多，各有其特点，适用条件也各有差异。

对灌水器的要求：① 制造偏差小，一般要求灌水器的制造偏差系数值控制在0.07以下；② 出水量小而稳定，受水头变化的影响较小；③ 抗堵塞性能强；④ 结构简单，便于制造、安装、清洗；⑤ 坚固耐用，价格低廉。

按结构和出流形式不同，灌水器主要有滴头、微喷头、微喷带、滴灌带（管）、涌流器（小管出流）、渗灌管等6类。灌水器大多数用塑料注塑成型。

二、微灌系统的分类

根据灌水器不同，微灌系统分为滴灌系统、微喷灌系统。根据配水管道在灌水季节中是否移动，微灌系统可分为固定式、半固定式和移动式。

固定式微灌系统的各个组成部分在整个灌水季节都是固定不动的，干管、支管一般埋在地下，根据条件，毛管有的埋在地下，有的放在地表或悬挂在离地面几十厘米高的支架上。固定式微灌系统常用于价值较高的经济作物。

半固定式微灌系统的首部枢纽及干、支管是固定的，毛管及灌水器可以移动。一条毛管可在多个位置工作。还有两个优势：一是有利于农业机械作业；二是有利于作物轮作，例如一季种草莓，收起移动式滴灌设施就可以种水稻。

移动式微灌系统各组成部分都可移动。在灌溉周期内按计划移动安装在灌区内不同的位置灌溉。半固定式和移动式微灌系统提高了设备的利用率，降低了单位面积的投资，常用于大田作物和需要轮作的经济作物等。

第二节 微 灌 水 源

微灌水源应优化配置、合理利用，节约保护水资源，发挥灌溉水资源的最大效益。微灌水质应符合相关标准（表 2-1），当使用微咸水、再生水等特殊水质进行微灌时，应有论证。

表 2-1　　农田灌溉水质标准（GB 5084—2005）

序号	项目类别	作物种类		
		水作	旱作	蔬菜
1	五日生化需氧量 /(mg/L)，≤	60	100	40[a], 15[b]
2	化学需氧量 /(mg/L)，≤	150	200	100[a], 60[b]
3	悬浮物 /(mg/L)，≤	80	100	60[a], 15[b]
4	阴离子表面活性剂 /(mg/L)，≤	5	8	5
5	水温 /℃，≤	25		
6	pH 值，≤	5.5 ~ 8.5		
7	全盐量 /(mg/L)，≤	1000[c]（非盐碱土地区），2000[c]（盐碱土地区）		
8	氯化物 /(mg/L)，≤	350		
9	硫化物 /(mg/L)，≤	1		

续表

序号	项目类别	作物种类		
		水作	旱作	蔬菜
10	总汞 /(mg/L)，≤	0.001		
11	镉 /(mg/L)，≤	0.01		
12	总砷 /(mg/L)，≤	0.05	0.1	0.05
13	铬（六价）/(mg/L)，≤	0.1		
14	铅 /(mg/L)，≤	0.2		
15	粪大肠菌群数 /(个 /100mL)，≤	4000	4000	2000[a],1000[b]
16	蛔虫卵数 /(个 /L)，≤	2		2[a],1[b]

a 加工、烹调及去皮蔬菜。

b 生食类蔬菜、瓜类和草本水果。

c 具有一定的水利灌排设施，能保证一定的排水和地下径流条件的地区，或有一定淡水资源能满足冲洗土体中盐分的地区，农田灌溉水质全盐量指标可以适当放宽。

灌水器水质评价宜按表 2-2 分析，并应根据分析结果作相应的水质处理。

表 2-2 灌水器水质评价指标

水质分析指标	堵塞的可能性		
	低	中	高
悬浮固体物 /(mg/L)	<50	50 ~ 100	>100
硬度 /(mg/L)	<150	150 ~ 300	>300
不溶固体 /(mg/L)	<500	500 ~ 2000	>2000
pH 值	5.5 ~ 7.0	7.0 ~ 8.0	>8.0
Fe/(mg/L)	<0.1	0.1 ~ 1.5	>1.5
Mn/(mg/L)	<0.1	0.1 ~ 1.5	>1.5
H_2S/(mg/L)	<0.1	0.1 ~ 1.0	—
油	不能含有油		

进入微灌管网的水不应有大粒径泥沙、杂草、鱼卵、藻类等物质。

第三节　首　部　枢　纽

一、水泵选型

水泵根据设计流量和扬程选配。设计流量为主干管流量 Q（m^3/h），扬程由下式计算：

$$H=h_{干}+\sum\Delta H_j+\Delta H'+\Delta z \tag{2-1}$$

式中　H——水泵扬程，m；

$h_{干}$——干管进口水头，m；

$\sum\Delta H_j$——水泵底阀、进口、弯头、各种控制阀、过滤器、施肥器的水头损失之和，m；

$\Delta H'$——泵管或吸水管沿程水头损失，m；

Δz——干管进口与水源动水位的高差，m。

节水灌溉工程中常用的水泵有普通离心泵（包括单级单吸离心泵、单级双吸离心泵和多级离心泵）、自吸式离心泵、长轴井泵和井用潜水电泵。应用于微喷灌溉中常用的主要是普通离心泵以及小型潜水电泵。

1. 离心泵

（1）单级单吸离心泵。单级单吸式离心泵结构如图 2-2 所示，它主要是由叶轮、泵轴、轴承、泵壳、填料函、密封环及联轴器等组成。单级，是指泵轴上只安装了一个叶轮；单吸，是说只从叶轮的一侧进水。

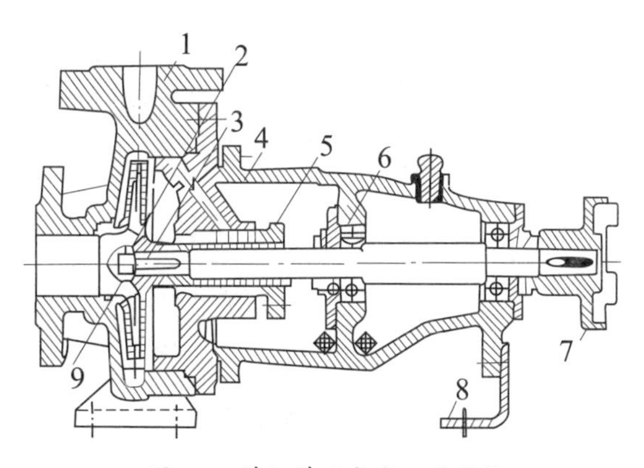

图 2-2　单级单吸式离心泵结构

1—泵壳；2—叶轮；3—泵轴；4—轴承体；5—填料压盖；6—滚珠轴承；7—联轴器；8—底座；9—叶轮螺母

IS型泵（图2-3）是最常用的单级单吸式离心泵，优点是结构简单、体积小、扬程高。缺点是随着扬程提高，效率急剧下降。

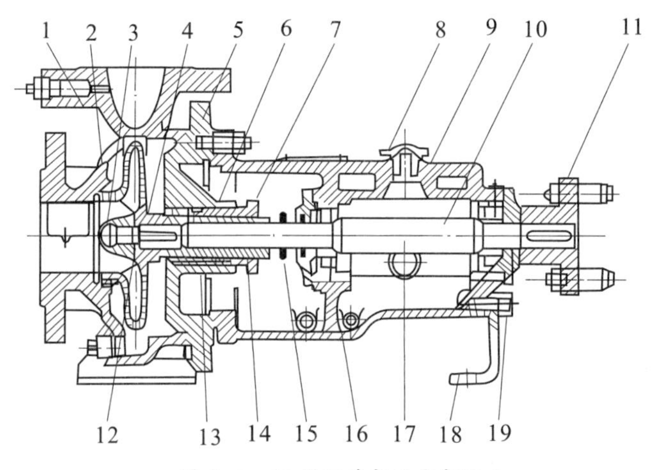

图2-3 IS型泵外部及内部图示

1—泵体；2—密封环；3—叶轮螺母；4—叶轮；5—泵盖（填料密封泵盖或橡胶油封泵盖）；6—填料；7—填料压盖；8—加油盖；9—悬架体；10—轴；11—联轴器组；12—叶轮螺母垫；13—填料环；14—轴套；15—挡水圈；16—轴承；17—油位计；18—支架；19—轴承压盖

ISW型卧式离心泵（图2-4）是IS型泵的“提高版”，根据IS型单级单吸离心泵之性能参数和立式离心泵的独特结构组合设计，并严格按照ISO2858进行设计制造，该离心泵产品轴封选用硬质合金机械密封装置具有以下优点：

1）电机和水泵一体化，体积更小，与IS型泵相比占地面积减少30%。

2）叶轮直接装在电机加长轴上，水泵运行更平稳、振动小、噪音低，安装、维护方便，且效率提高。

3）轴封采用优质机械密封，动、静环由新型硬质合金制成，耐磨损、无泄漏、使用寿命长，更换方便，根除了水泵“轴封漏水”的弊病。

4）后开门式结构，无需拆卸管路即可检修。

5）结构简单合理，关键部分采用国际一流品质配套，整机无故障工作时间大大提高。

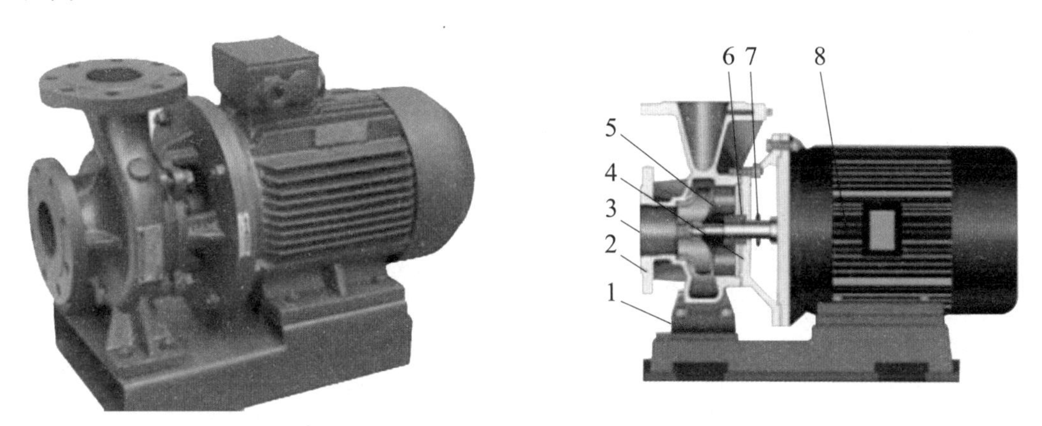

图 2-4　ISW 型卧式离心泵示意图

1—底板；2—泵体；3—叶轮；4—泵盖；5—机械密封；6—主轴；7—挡水圈；8—电机

ISW 型卧式离心泵型号意义：

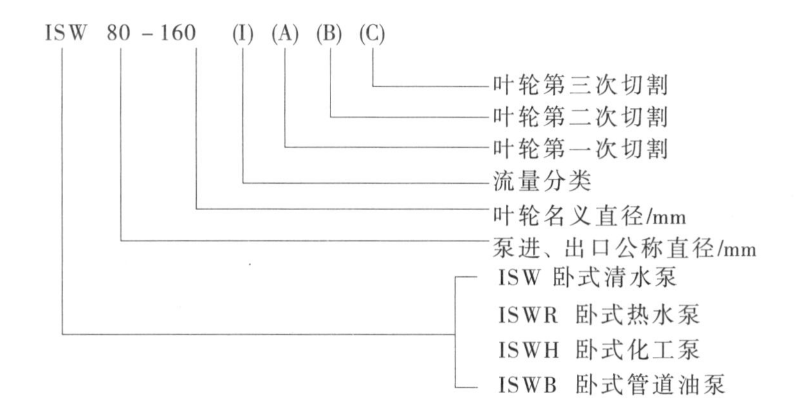

常用的代表性产品 ISW65 型泵性能参数见表 2-3。这种泵通用性强，一般市场上均有出售。

表 2-3　ISW 65 型泵性能参数

型号	流量 Q		扬程 /m	效率 /%	转速 /(r/min)	电机功率 /kW	允许汽蚀余量 /m
	m^3/h	L/s					
65-100	25	6.94	12.5	69	2900	1.5	2.5
65-100A	22.3	6.19	10	67	2900	1.1	2.5
65-125	25	6.94	20	68	2900	3	2.5

续表

型号	流量 Q		扬程 /m	效率 /%	转速 /(r/min)	电机功率 /kW	允许汽蚀余量 /m
	m^3/h	L/s					
65-125A	22.3	6.19	16	66	2900	2.2	2.5
65-160	25	6.94	32	63	2900	4	2.5
65-160A	23.4	6.5	28	62	2900	4	2.5
65-160B	21.6	6.0	24	58	2900	3	2.5
65-200	25	6.94	50	58	2900	7.5	2.5
65-200A	23.5	6.53	44	57	2900	7.5	2.5
65-200B	21.8	6.06	38	55	2900	5.5	2.5
65-250	25	6.94	80	50	2900	15	2.5
65-250A	23.4	6.5	70	50	2900	11	2.5
65-250B	21.6	6.0	60	49	2900	11	2.5
65-315	25	6.94	125	40	2900	30	2.5
65-315A	23.7	6.58	113	40	2900	22	2.5
65-315B	22.5	6.25	101	39	2900	18.5	2.5
65-315C	20.6	5.72	85	38	2900	15	2.5
65-100(I)	50	13.9	12.5	73	2900	3	3.0
65-100(I)A	44.7	12.4	10	72	2900	2.2	3.0
65-125(I)	50	13.9	20	72.5	2900	5.5	3.0
65-125(I)A	45	12.5	16	71	2900	4	3.0
65-160(I)	50	13.9	32	71	2900	7.5	3.0
65-160(I)A	46.7	13.0	28	70	2900	7.5	3.0
65-160(I)B	43.3	12.0	24	69	2900	5.5	3.0
65-200(I)	50	13.9	50	67	2900	15	3.0
65-200(I)A	47	13.1	44	66	2900	11	3.0
65-200(I)B	43.5	12.1	38	65	2900	7.5	3.0
65-250(I)	50	13.9	80	59	2900	22	3.0
65-250(I)A	46.7	13.0	70	59	2900	18.5	3.0
65-250(I)B	43.3	12.0	60	58	2900	15	3.0
65-315(I)	50	13.9	125	54	2900	37	3.0
65-315(I)A	46.5	12.9	110	54	2900	30	3.0
65-315(I)B	44.5	12.4	100	53	2900	30	3.0
65-315(I)C	41	11.4	85	51	2900	22	3.0

（2）单级双吸式离心泵。单级双吸式离心泵的结构如图 2-5 所示。单级双吸式离心泵和单级单吸离心泵的基本结构大体相似。其结构特点是水从叶轮的两侧进入，即有两个进水口，然后汇合流入同一个涡壳中，所以称为“双吸”。它主要由双侧吸水的叶轮、上下装配的泵壳、对称安装的密封填料装置、轴承和轴及联轴器等组成。叶轮用键、轴套和轴套螺母固定在泵轴上；在叶轮两侧进水口外缘与泵壳内壁配合处，均装有铸铁制成的密封环。叶轮两侧对称安装有填料函。泵轴两端由装在轴承座内的轴承支承。轴承的形式，在 SH 型泵上分滚动轴承和滑动轴承两种，泵轴直径在 60mm 以下的，用滚动轴承，称为甲式 SH 型泵；轴径在 70mm 以上的用滑动轴承，称为乙式 SH 型泵。

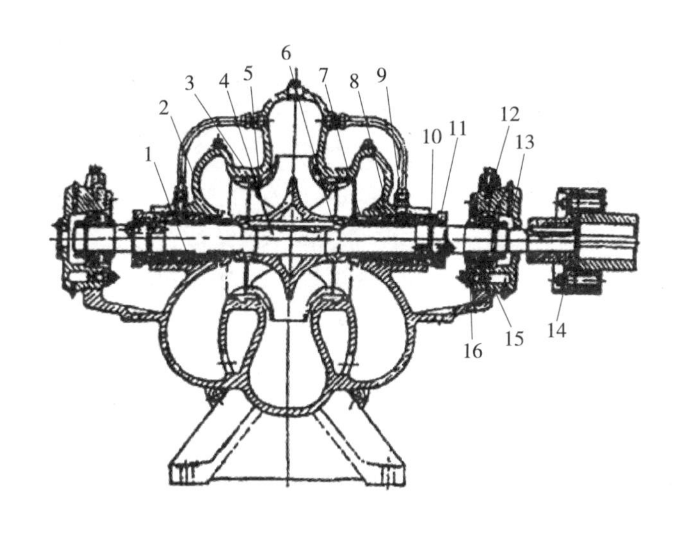

图 2－5 单级双吸式离心泵结构

1—泵壳；2—泵盖；3—叶轮；4—泵轴；5—密封环；6—轴套；7—填料套；8—填料；9—水封环；10—填料压盖；11—轴套螺母；12—轴承体；13—滚珠轴承；14—联轴器；15—轴承挡套；16—轴承端盖

（3）多级离心泵。如图 2-6 所示为常见典型的多级单吸离心泵“D 型泵”。这种泵实际上是将若干个单吸式叶轮串装在了一根泵轴上，叶轮的数目就代表泵的级数。泵体分进水段、中段和出水段，各段用螺栓连接成为一个整体。前一级叶轮经过导叶将水引入后一级叶轮的进水侧，使水逐级增加能量。所以，泵的扬程随级数的多少（即叶轮数的多少）而递增，泵的级数越多，扬程越高。该类泵主要用于流量小、扬程高的场合。缺点是结构复杂，但突出的优点是效率平稳，同一口径的泵，随着叶轮级数增加，即扬程增加，效率始终不变。当丘陵山区扬程超过 55m，甚至百多米时则选用多级离心泵。

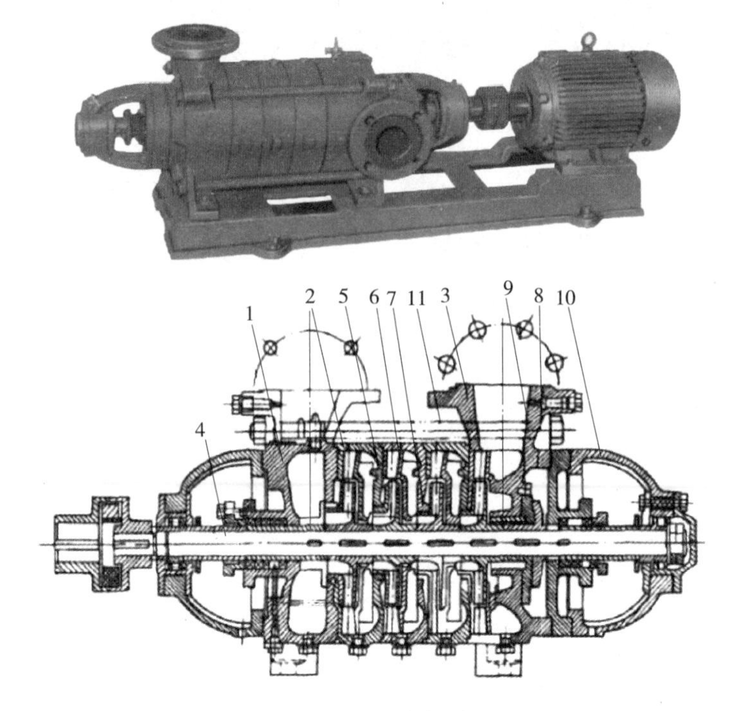

图 2－6　D 型泵外部以及结构

1—进水段；2—中段；3—出水段；4—泵轴；5—叶轮；6—导叶；7—密封环；8—平衡盘；9—平衡环；10—轴承部件；11—长螺栓（穿杠）

多级泵虽有结构复杂和价格较高的缺点，但从节能和节约运行费用的要求出发，扬程较高时宜选用多级泵。常见的多级泵 D 型系列为卧式泵，有占地面积大的缺点。FL 型为新颖的立式多级泵，突出的优点是占地比卧式多级泵节省 75%，图 2-7 为 FL 型多级泵的结构简图。

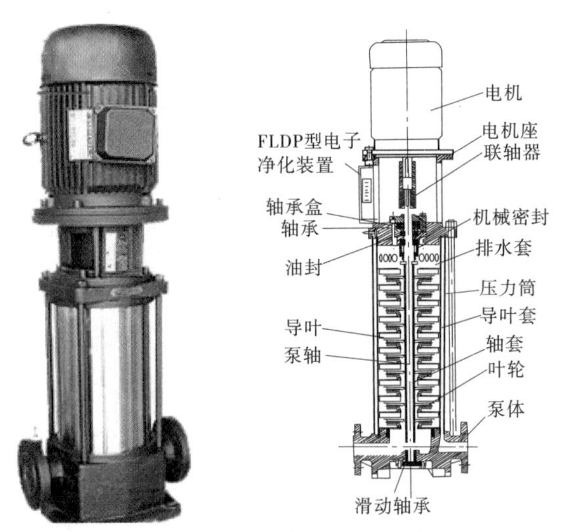

图 2－7　FL 型多级泵结构简图

FL 型立式多级泵的型号意义：

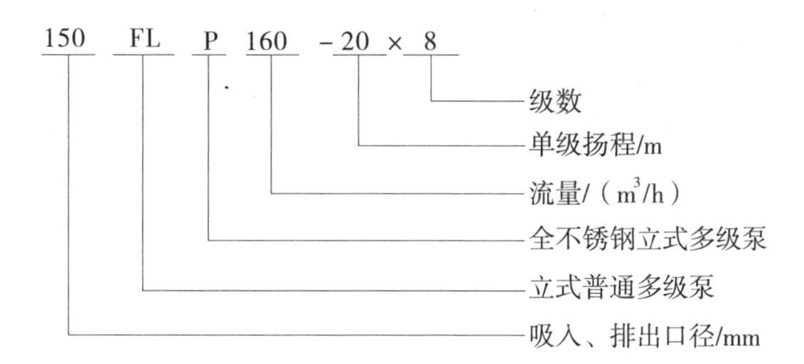

常见的 50FL-18-15 型泵性能参见表 2-4，65FL36-12 型泵性能参见表 2-5。

表 2-4　　50FL-18-15 型多级性能参数

型号	流量 /(m^3/h)	扬程 /m	效率 /%	功率 /kW	汽蚀余量 /m	高度 *H* /mm	重量 /kg
50FL18-15×2	12.6 18 21.6	36 30 25	53 62 62	3	1.4 1.8 1.8	923	122
50FL18-15×3	12.6 18 21.6	54 45 37.5	53 62 62	4	1.4 1.8 1.8	992	142
50FL18-15×4	12.6 18 21.6	72 60 50	53 62 62	5.5	1.4 1.8 1.8	1095	175
50FL18-15×5	12.6 18 21.6	90 75 62.5	53 62 62	7.5	1.4 1.8 1.8	1144	189
50FL18-15×6	12.6 18 21.6	108 90 75	53 62 62	7.5	1.4 1.8 1.8	1192	198
50FL18-15×7	12.6 18 21.6	126 105 87.5	53 62 62	11	1.4 1.8 1.8	1341	252
50FL18-15×8	12.6 18 21.6	144 120 100	53 62 62	11	1.4 1.8 1.8	1389	261
50FL18-15×9	12.6 18 21.6	162 135 112.5	53 62 62	15	1.4 1.8 1.8	1438	280
50FL18-15×10	12.6 18 21.6	180 150 125	53 62 62	15	1.4 1.8 1.8	1486	289

表 2-5　　65FL36-12 系列多级泵性能参数

型号	流量/(m^3/h)	扬程/m	效率/%	功率/kW	汽蚀余量/m	高度 H/mm
65FL36-12×3	25.2	40.5	59	5.5	2.54	1159
	36	36	68		2.62	
	43.2	31.5	67		2.72	
65FL36-12×4	25.2	54	59	7.5	2.54	1219
	36	48	68		2.62	
	43.2	42	67		2.72	
65FL36-12×5	25.2	67.5	59	11	2.54	1379
	36	60	68		2.62	
	43.2	62.5	67		2.72	
65FL36-12×6	25.2	81	59	11	2.54	1439
	36	72	68		2.62	
	43.2	63	67		2.72	
65FL36-12×7	25.2	94.5	59	15	2.54	1499
	36	84	68		2.62	
	43.2	73.5	67		2.72	
65FL36-12×8	25.2	108	59	15	2.54	1559
	36	96	68		2.62	
	43.2	84	67		2.72	
65FL36-12×9	25.2	101.5	59	18.5	2.54	1664
	36	108	68		2.62	
	43.2	94.5	67		2.72	
65FL36-12×10	25.2	135	59	22	2.54	1744
	36	120	68		2.62	
	43.2	105	67		2.72	

注　两表电机转速均为 2900r/min。

（4）D 型泵和 IS 泵的比较。D 型多级泵的缺点是结构复杂、体积大。IS 泵的特点是扬程较高、流量较小、结构简单、使用方便。扬程较高是相对于混流泵（小于 20m）和轴流泵（一般小于 10m）而言的，而与 D 型多级泵（约为 17 ~ 405m）相比较，IS 泵（约为 9.5 ~ 140m）还是扬程较低的。IS 泵的缺点是效率不稳，随着扬程提高，水泵效率降低，从图 2-8 可以看出，当扬程为 111m 时，效率仅为 40%。

两种泵型的效率曲线特性比较如图 2-8 所示。

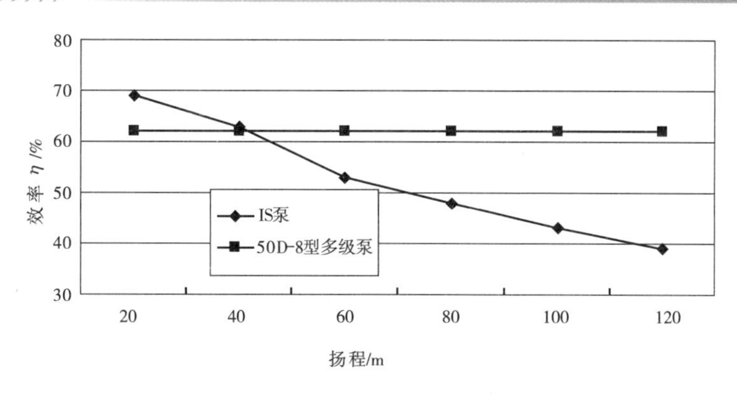

图 2-8 D 型泵、IS 泵效率变化比较

从图 2-8 可以得出如下结论：

（1）IS 泵曲线在扬程 45m 左右效率明显下降，从节能的角度看，当扬程低于 45m 时才可考虑选用 IS 泵，而且扬程越高越不应选用。

（2）D 型泵，效率非常稳定，但投资较高，只有在扬程超过 55m 时才选用。

综上所述，在流量满足的前提下，当扬程小于 45m 时宜用 IS 离心泵，扬程不小于 45m 时则选用多级泵（只能用电动机）。

2. 小型潜水电泵

潜水电泵是将泵轴与电动机直接相连，成为一整体的抽水机组。整个抽水机组全部潜入水中工作。泵抽出的水，通过扬水管被输送到地面出水池中。

潜水电泵的种类比较多，一般可分为小型、大型和深井型 3 种，各型潜水电泵根据结构和使用的不同，又有许多变型种类，目前常见潜水电泵的类型可归纳如图 2-9 所示。

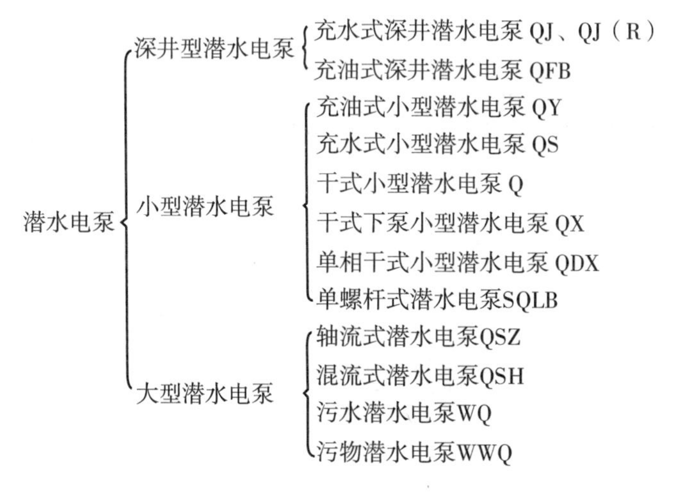

图 2-9 常见潜水电泵的类型

对于一家一户的小面积的喷灌、微喷水带系统，如有电源则可以选用小流量（10m³/h 以内）、低扬程(20m 以内)、小功率(小于 1.5kW) 的潜水电泵。常用的小型潜水电泵 QDX 型（图 2-10）性能参数见表 2-6。此类泵用途广，一般市场均有出售。

QDX 型潜水电泵型号意义：

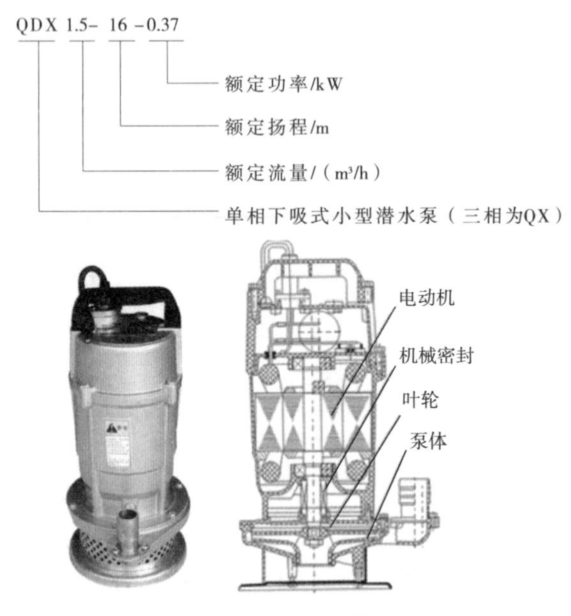

图 2－10　QDX 型潜水电泵

表 2-6　QDX 型潜水电泵性能参数

型号	流量 /(m³/h)	扬程 /m	功率 /kW	电压 /V	配管内径 /mm
QDX1.5-16-0.37	1.5	16	0.37	220	25
QDX3-20-0.55	3	20	0.55	220	25
QDX10-10-0.55	10	10	0.55	220	38
QDX1.5-32-0.75	1.5	32	0.75	220	25
				380	25
QDX15-10-0.75	15	10	0.75	220	64
				380	64
QDX10-15-0.75	10	15	0.75	220	38
				380	51
QDX7-18-0.75	7	18	0.75	220	38
				380	38
QDX15-10-1.1	15	10	1.1	220	64
				380	64

注　以上泵型用单相电的，转速均为 2860r/min；用三相电的，转速均为 2820r/min。

二、肥药装置与过滤设备

1. 肥药装置

微灌技术的推广，为施肥带来了革命性的变化，它导致了一个全新的概念——水肥共灌。利用微灌系统施肥施药，可迅速大面积完成，均匀、省力、省时、安全、避免浪费，这是一般施肥、施药方法所不具备的。特别对采用地膜覆盖的作物，用微灌是解决施肥困难的最佳途径。向系统的压力管道内注入可溶性肥料或农药溶液的设备称为施肥（施药）装置。常见的施肥施药装置有以下几种。

（1）微型水泵式。先把肥料或农药在肥药桶内配制好，把微喷灌或滴灌用的微型水泵（或进水管）放入肥（药）桶内就可，一桶水打完，肥药也施好了。这种方法最简单，但只适用于小面积，采用微型水泵。

（2）水泵负压吸入式。水泵的进水管是呈负压的，所以在进水管钻上 1 ~ 2 个 ϕ15 的小孔，焊上相应口径的接头，接上球阀、软管，当然软管进口水须配上过滤网罩，放入搅拌好的肥药桶内，可以方便吸入，流量大小由球阀控制。药桶和软管设备最好配 2 套，以便轮流拌药，连续供药，凡是水泵加压的系统都可以用这种方式。

在出水管上也同样打孔接软管，轮流为肥药桶加水。图 2-11 为这种加药装置的示意图。

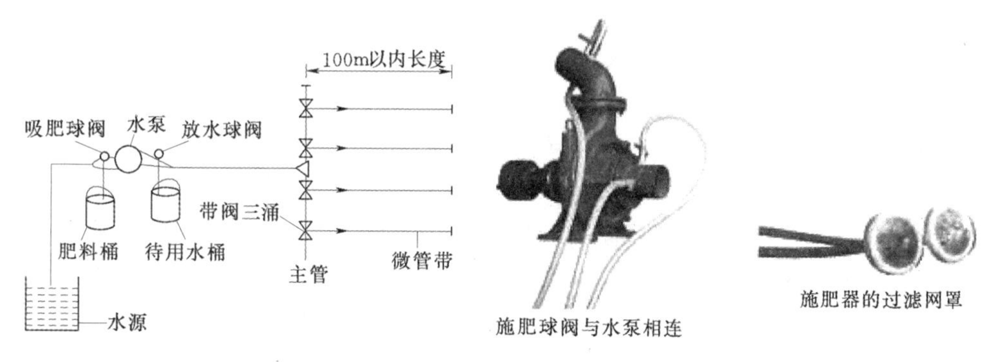

图 2－11　水泵负压式加肥（药）示意图

（3）自压式肥药池。在自压灌溉系统中，使用肥药池（罐）可以很方便地对作物进行施肥施药。把肥药池（罐）置于自压水源的正常水位以下适当的位置上，将肥药池（罐）与水源相连接，将输液管及阀门与主管道连接，打开肥药池（罐）供水阀，水进入肥药池（罐）将药剂溶解。关闭供水管阀门，打开肥药池（罐）输液阀，肥液和药剂溶液就自动地随水流输送到灌溉管道和灌水器中，对作物施肥施药。

（4）压差式施肥罐。压差式施肥罐一般由储液罐、进水管、供肥液管、施肥阀等组成，如图 2-12 所示，其工作原理是在输水管上安装施肥阀，阀的进出口两点形成压力差，利用这个压力差将肥液或药剂带入系统管道。储液罐为承压容器，承受与管道相同的压力。

压差式施肥罐的优点是加工制造简单，价格较低，容积 15L 的 150 元 / 只，不需外加动力设备。缺点是溶液浓度变化大，加肥（药）过程浓度呈线性衰减。另外罐体容积有限，添加液剂次数频繁且较麻烦，输水管道因设有施肥调压阀而造成一定的水头损失。

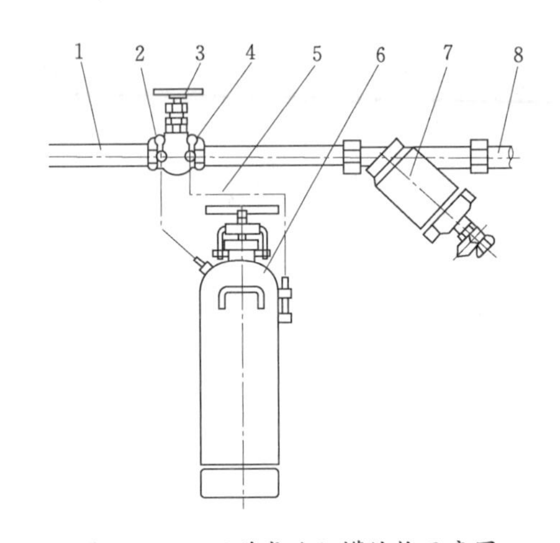

图 2－12　压差式施肥罐结构示意图

1—输水干管；2—施肥进水调节阀；3—施肥阀；4—施肥出水调节阀；

5—软管；6—施肥罐；7—过滤器；8—肥水输出干管

（5）文丘里注入器。文丘里注入器与肥药桶配套组成一套施肥装置，如图 2-13 所示。其构造简单，造价低廉，不包括肥药桶，一套“专用设备”仅 60 ~ 80 元。此设备使用方便，主要适用于向小型灌溉系统管道中注入肥料或农药。如果文丘里注入器直接装在骨干管道上，水头损失较大，也可以将其与主管道并联安装（图 2-14），用小水泵加压。

（6）肥药系统要注意以下问题：

1）化肥或农药的注入一定要放在水源与过滤器之间，肥液先经过过滤器之后再进入灌溉管道，使未溶解化肥和其他杂质被清除掉，以免堵塞管道及灌水器。

2）施肥和施农药后必须利用清水把残留在系统内的肥液或农药全部冲洗干净，防止设备被腐蚀。

3）在化肥或农药输液管出口处与水源之间一定要安装逆止阀，防止肥液和农药流进水源，更严禁直接把化肥和农药加进水源而造成环境污染。

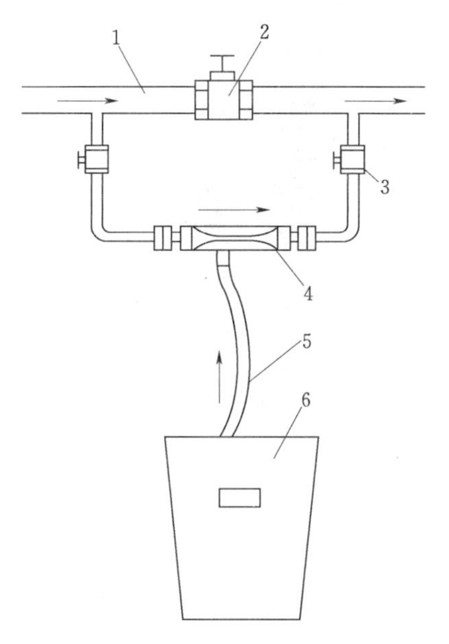

图 2－13　文丘里施肥装置

1—供水管；2—控制阀；3— 施肥阀；4—文丘里施肥器；5 —吸肥管；6 —肥液桶

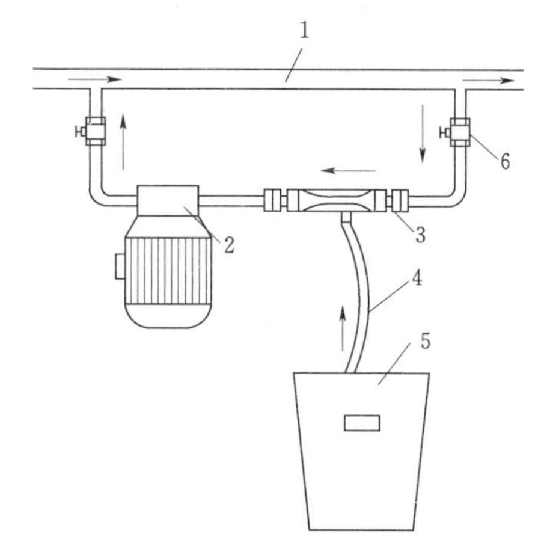

图 2－14　带水泵的文丘里施肥装置

1—供水管；2—水泵；3—文丘里施肥器；4—吸肥管；5—肥液桶；6—施肥阀

2. 过滤设备

由于微灌系统灌水器的流道或孔口直径小，滴头为 0.5 ~ 1.2mm，滴灌管（带）为 0.5 ~ 0.9mm，微喷头为 0.6 ~ 2.0mm，因而对灌溉水的水质、通过系统所施用的肥料溶液都有较高的要求。水源中的难溶矿物质、有机颗粒、肥料中的不溶杂质等各种污物和杂质进入微灌系统都有可能引起微灌水器及管路的堵塞。而喷头虽然流道较大，堵塞的可能性有所减少，但如果喷灌系统中进入了大量的、较大颗粒的泥沙或其他污物，同样会造成喷头的堵塞。为使灌水器正常工作，灌溉水、肥必须经过滤器过滤后才能进入田间灌溉系统。如果过滤设备的选择不当，导致灌水器堵塞，会引起配水不均匀和系统性能下降。

（1）筛网过滤器。筛网过滤器结构简单且价格便宜，是最常用的过滤器。采用塑料或金属材料的筛网，当悬浮颗粒超过网孔的尺寸后即被截留，避免水中化肥、农药的颗粒对微灌系统产生堵塞。当一定数量的污物积累在筛网上后，经过过滤器的压力会显著下降，这时应实施手动或自动冲洗。

手动冲洗是常用的冲洗方式，这种过滤器常常仅由两个过滤元件组成，冲洗时需拆下进行。当过滤器内部加装一个泄水器件后，内部的截留污物可被连续冲走，系统供水正常进行，实现不间断冲洗。常见的手动网式过滤器，口径为 1 英寸（25mm），市场价每个 35 元左右，流量不够时采用多个并联安装。过滤网有 120 目（红色）、150 目（黄色），200 目（蓝色）3 种，很容易辨别，外形如图 2-15 所示。

叠片式过滤器芯
红色塑料叠片120目

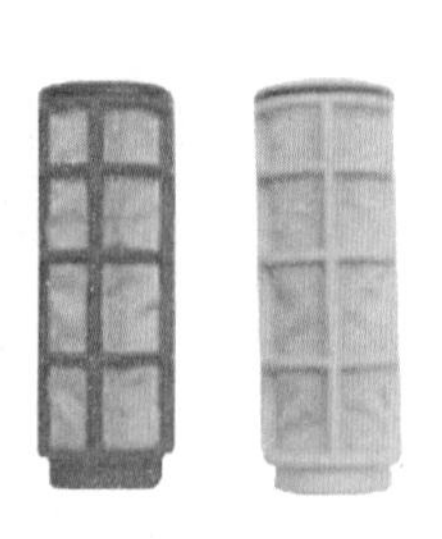

闸式过滤器芯
红色滤芯120目不锈钢网
黄色滤芯150目不锈钢网

小型过滤器

图 2 – 15　1 英寸过滤器

网目数和孔径的关系：筛网的孔径大小即网目数的多少根据所用灌溉水中的污物颗粒形状及粒径大小而选择。微灌用水中所能允许的污物颗粒大小应比灌水器的孔口或流道断面小许多倍，有利于防止灌水器堵塞。根据实践经验，一般要求过滤器滤网的孔径大小应为所使用的灌水器孔径大小的 1/7 ~ 1/10。即当微喷头孔径为 0.8mm 时，过滤器孔径应为 100 ~ 80μm，也就是 150 ~ 200 目。滤网的目数与孔径尺寸关系见表 2-7，规格较大的网式过滤器外形如图 2-16 所示。

表 2-7　滤网规格与孔口大小对应关系

滤网规格		孔口尺寸		土粒类别	粒径 /mm
目 / 英寸	目 /cm²	mm	μm		
20	8	0.711	711	粗 砂	0.50 ~ 0.75
40	16	0.420	420	中 砂	0.25 ~ 0.40
80	32	0.180	180	细 砂	0.15 ~ 0.20
100	40	0.152	152	细 砂	0.15 ~ 0.20
120	48	0.125	125	细 砂	0.10 ~ 0.15
150	60	0.105	105	极细砂	0.10 ~ 0.15
200	80	0.074	74	极细砂	<0.10
250	100	0.053	53	极细砂	<0.10
300	120	0.044	44	粉 砂	<0.10

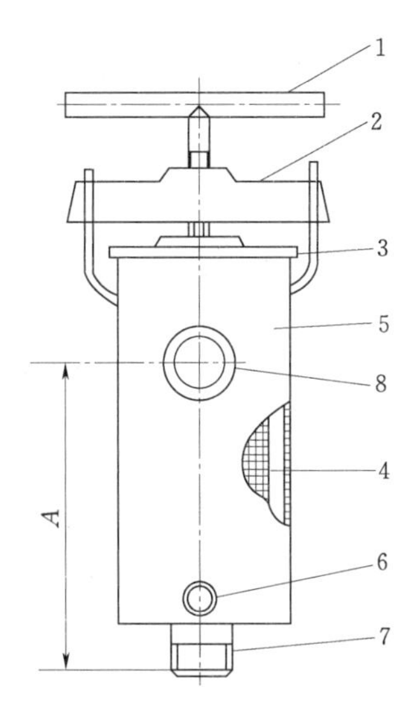

图 2－16　手动冲洗筛网式过滤器

1—手柄；2—横担；3—顶盖；4—不锈钢滤网；
5—壳体；6—冲洗阀门；7—出水口；8—进水口

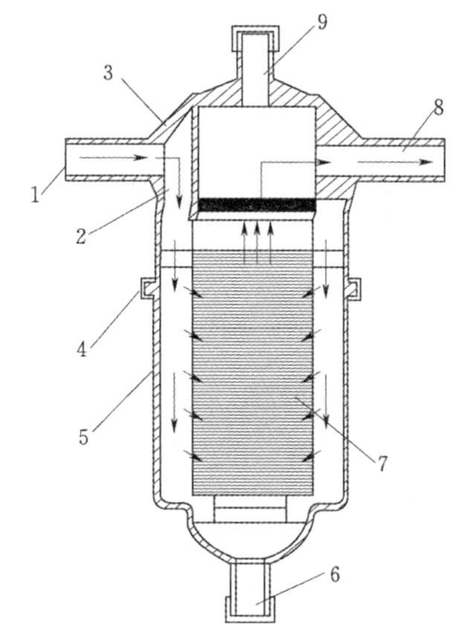

图 2－17　叠片式过滤器

1—进水口；2—水流；3—上壳体；4—连接环；
5—下壳体；6—排污口；7—叠片；
8—出水口；9—水样取水口

（2）叠片式过滤器。叠片式过滤器是近期发展起来的一种新型过滤器，其过滤元件由一组压紧的带有微细流道的环状塑料片组成，清水由片间的小流道通过，而污物则截留在叠片四周及片间。其特点是过流能力大、结构简单、维护方便、寿命长，适用于有机物含量较高的水质。冲洗时都需将压紧的叠片松开，将叠片之间滞留的污物彻底冲洗干净，其结构如图 2-17 所示。

目前国内叠片式过滤器规格不全，特别是大流量叠片式过滤器价格较贵。在系统流量较大时，可选择几个小流量叠片式过滤器并联使用，以降低成本。小规格的过滤器，同一个外壳，既可以装网式滤芯，又可以装叠片式滤芯，能够根据需要互换。

（3）离心过滤器。喷滴灌系统常用的离心过滤器（又称旋流式水砂分离器或涡流式水砂分离器）的构造如图 2-18 所示，主要部分有罐体、接砂罐、进出水口、排砂口和冲洗口。离心过滤器的工作原理是：有压水流由进水口沿切向进入锥形罐体，由于惯性力的作用，水流在罐内顺罐壁运动形成旋转；在离心力和重力的作用下，水流中的泥沙和其他比重大于水的固体颗粒向管壁靠近，逐渐向下沉积，最后进入底部的接砂罐；清水则从过滤器顶部的出水口排出，水砂分离完成。

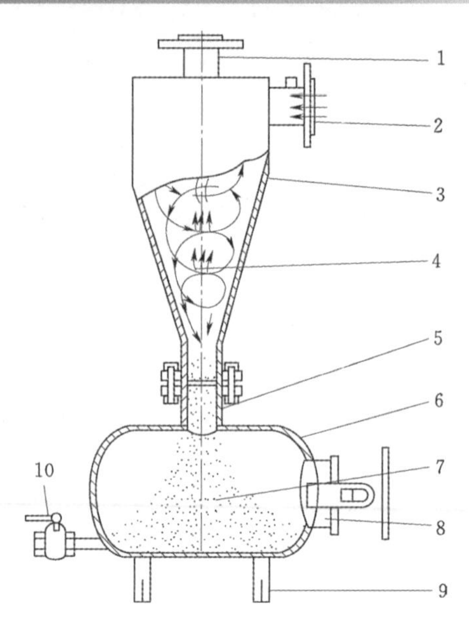

图 2－18　离心过滤器

1—出水口；2—进水口；3—罐体；4—水流；5—接砂口；

6—接砂罐；7—砂石；8—排砂口；9—支架；10—冲洗口

离心过滤器主要用于含砂水的初级过滤，可分离水中的砂粒和碎石。在稳定状态下，对 60 ~ 150 目的砂石有较好的分离效果。由于启、停泵阶段的水流属于非稳定流态，砂石在罐内得不到很好的分离，这时的过滤效果难以满足要求。因此，建议将离心过滤器与网式过滤器同时使用。

离心过滤器的规格一般用进水口口径表示。常用离心过滤器的规格和建议工作水量见表 2-8。离心过滤器可单台使用，也可多台组合使用。多台组合的方法有并联和串联两种，并联组合使用可以增加出水量，串联组合使用可以提高出水质量。

为了获得较好的过滤效果，进水管应有足够的直段长度，以保证水流以稳定流状态进入罐内。一般要求进水直管的长度大于进水口直径的 10 倍。另外，使用离心过滤器时，应根据来水水质情况定期排砂，保证理想的出水质量。

表 2-8　　离心过滤器的规格和工作水量

规格 *DN*/mm	20	25	50	80	100
工作水量 / (m^3/h)	1.0~3.0	1.5~7.0	5.0~20	10~40	30~70

（4）砂石过滤器。砂石过滤是给水工程中常见的净化水的方法。当使用湖、塘、河、渠等地表水作为喷滴灌用水时，常采用砂石过滤器去除水中的藻类和漂浮物等较轻的杂物。砂石过滤器一般呈圆柱状，主要由滤罐和砂石组成。滤灌内的砂石是按照一定的粒径级配方式分层填充。水从过滤器上部的进水口流入，通过砂石层中的孔隙向下渗漏，在这个过程中，杂质被滞留在砂石表层，经过滤后的洁净水由过滤器底部的出水口排出。双罐式砂式过滤器工作过程如图 2-19 和图 2-20 所示。

常用砂石过滤器的规格和建议工作水量见表 2-9。

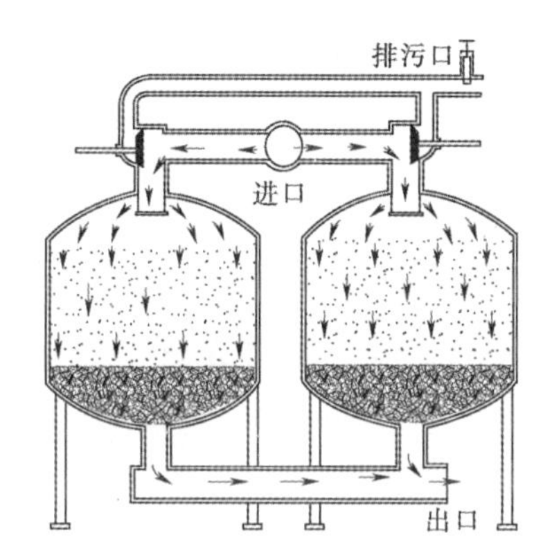

图 2－19　砂石过滤器工作状态

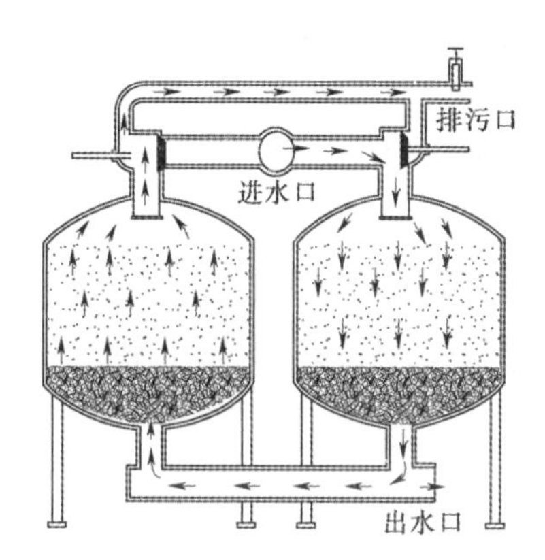

图 2－20　砂石过滤器反冲状态

表 2-9　砂石过滤器的规格和工作水量

规格 *DN*/mm	50	80	100
工作水量 /（m^3/h）	5.0~18	10~35	20~70

使用砂石过滤器时，应注意以下几点：

1）严格控制过滤器的工作流量，使其保持在设计流量的范围内。过滤器的工作流量过大，会造成“砂床流产”，导致过滤效果下降。

2）在过滤器进、出水口分别安装压力表。根据进、出水口之间压差的大小，定期进行反冲洗，以保证出水水质。

3）对于沉积在砂滤层表面的污染物，应定期用干净颗粒换新。视出水水质情况，一年应处理 1 ~ 4 次。

4）砂石过滤器可作为单级过滤，也可与网式过滤器或叠片过滤器组合使用。

（5）自制过滤网管和网箱。在自压灌溉系统或水泵提水系统中管道入水口处压力都是很低的，在这种情况下如果直接将上述任何一种过滤器安装在管道入水口片，则会由于压力过小而使过滤器流量很小，不能满足灌溉要求。如果安装过多的过滤器，不仅使设计安装过于复杂，而且会大大增加系统投资，此时只要自行制作一个简单的管道入口过滤设备，既可满足系统过滤要求，也可达到系统流量要求，而且投资小。下面介绍一种适用于进水管口的“过滤网管”。

自制过滤器可按下列步骤完成，干管管径以 φ90 为例。

1）截取长约 1m 的 φ110 或 φ90 给水用 PVC 管，在管上均匀钻孔，孔径在 40 ~ 50mm 之间，孔间距控制在 30mm 左右。孔间距过大，则总孔数太少，过流量会减少；孔间距过小，则会降低管段的强度，易遭破坏。

2）根据灌溉系统类型购买符合要求的滤网，喷灌 80 目，微喷灌 100 目，滴灌 120 目，为保证安全耐用，建议购买不锈钢滤网，滤网大小要以完全包裹钻孔的 φ110BPV 管为宜，也可多购一些，进行轮换拆洗。

3）滤网包裹。将滤网紧贴管外壁包裹一周，并用铁丝或管箍扎紧，防止松落，整个管段部位应全部用滤网包住，防止水流不经过滤网直接进入管道，如果对下端管口进行包裹时操作有些不便，则可以用管堵直接将其堵死，仅在管壁上包裹滤网即可，或将滤网缝成一端封口的网袋，套在管下端口。

4）上端与输水干管的连接，此过滤设备最好用活接头、管螺纹或法兰与干管连接，以利于拆洗及检修。

此过滤设备个数可根据灌溉系统流量要求确定，且在使用过程中要定期检查并清洗滤网，否则也会因严重堵塞造成过流量减小，影响灌溉质量。

对于水中杂质和漂浮物较多、网管过滤面积还不够大的，可自制过滤网箱，即用钢筋焊制一个直径 0.6 ~ 1.0m、高 1.0m 的圆柱状网框，再用网布包裹，使用时把这只网箱固定在水面，把进水管口放入箱内。需要强调的是，这种进水管口的过滤纳污容量大，成本省，且效果好，重视这“第一道防线”的设置很有必要。

三、控制阀门与测量仪表

为了控制系统或确保系统正常运行，系统中必须安装控制、测量和保护装置，如阀门、流量和压力调节装置，测量仪表等，本节对灌溉首部常用的一些管道调控设备和测量仪表进行介绍。

1. 阀门

阀门是实现流体运动控制的最基本的部件之一，在灌溉系统中被大量使用，阀门种类众多，下面介绍一些常用阀门。

（1）闸阀。用闸板作启闭件并沿阀座轴线垂直方向移动，以实现启闭动作的阀门。闸阀的主要优点是流道通畅，流体阻力小，启闭扭矩小；主要缺点是密封面易擦伤，启闭时间较长，体形和质量较大。闸阀在管道上的应用很广泛，闸阀通常用于截断流体，不宜用于调节流量。因为当闸阀处于半开位置时，闸板会受流体冲蚀和冲击而使密封面破坏，还会产生振动和噪声。

闸阀可按阀杆结构和运动方式分为明杆闸阀和暗杆闸阀。明杆闸阀的特点是阀杆带动闸板一起升降，阀杆上的传动螺纹暴露于阀体外部，如图2-21所示。因此，可根据阀杆的运动方向和位置直观地判断阀门的启闭位置，而且传动螺纹便于润滑和不受流体腐蚀，但它要求有较大的安装空间。与此相反，暗杆闸阀传动螺纹位于阀体内部，在启闭过程中，阀杆只旋转而不移动（闸板在阀体内上下移动）。因此，阀门开启时阀的高度尺寸小，仅需要较小的安装空间。暗杆闸阀通常在阀盖上方装设开关位置指示器，它适用于管沟等空间较小的环境。

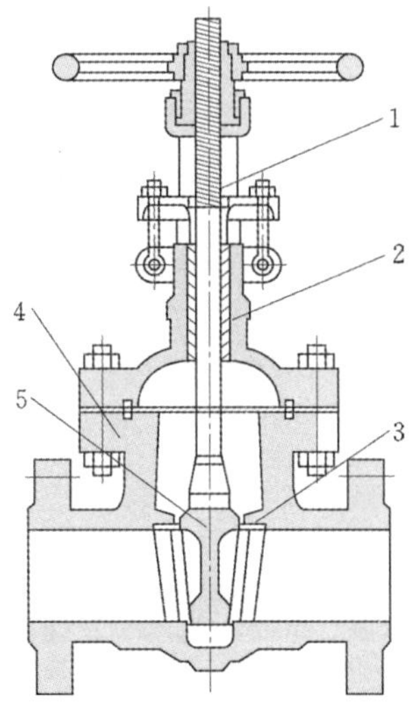

图 2-21 单闸板明杆闸阀

1—阀杆；2—阀盖；3—阀座；4—阀体；5—闸板

这种阀门开启和关闭力小，对水流的阻力小，并且水流可以向两个方向流动，但结构比较复杂。直径50mm以上金属阀门多用法兰连接，直径50mm以下的阀门用螺纹连接。闸阀在灌溉系统中被广泛应用，但灰铸铁外壳的金属闸阀长期使用后会发生较严重的锈蚀沉淀，可以用黄铜、不锈钢或塑料闸阀代替，但价格较贵。

（2）球阀。用带圆形通孔的球体作启闭件，球体随阀杆转动，以实现启闭动作的阀门。球阀的结构与旋塞阀相似，也有人称它为球形旋塞阀。它由一个球体和两个阀座（密封圈）组成密封副。阀座最常用的材料为聚四氟乙烯塑料。在各种阀门中，球阀的流体阻力最小，具有开关迅速、密封性好的优点，因而已成为发展最快的一类阀门。

常用球阀分为浮动球球阀和固定球球阀（图 2-22）。浮动球球阀主要靠流体压力将球体压紧在出口端的阀座上，形成浮动状的密封，因而使用的压力和口径受到限制。普通的直通式球阀主要用于截断流体，不宜用于调节流量，以免密封圈被冲蚀。

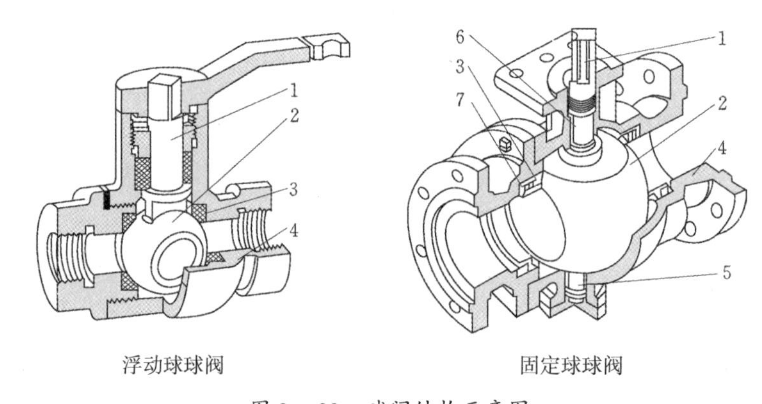

图 2－22　球阀结构示意图

1—阀杆；2—球体；3—阀座；4—阀体；5—下轴承；6—上轴承；7—弹簧

球阀在灌溉系统中应用较广泛，主要用在支管进口处。球阀结构简单，体积小，对水流的阻力也小，缺点是开启或关闭太快，会在管道中产生水锤。因此在主干管上不宜采用球阀，可用在干、支管上或其末端作冲洗之用，冲洗排污效果好。

（3）逆止阀。能自动阻止流体回流的阀门，又称单向阀或止回阀。通常，流体在压力作用下使阀门的阀瓣开启，并从进口侧流向出口侧。当进口侧压力低于出口侧时，阀瓣在流体压力和本身重力的作用下自动地将通道关闭，阻止流体逆流。按阀瓣运动方式不同，止回阀主要分为升降式、旋启式和蝶式三类（图 2-23）。升降式止回阀的阀体多与截止阀阀体相似，它的流体阻力较大。这类止回阀为高压小口径，常采用圆球形阀瓣。旋启式止回阀对流体的阻力较小，一般适用于中小口径、低压大口径管道，常在阀的通道隔板上设置多个阀瓣，成为多瓣式。蝶式止回阀的形状与蝶阀相似。它结构简单，对流体的阻力小。止回阀如关闭过快，可能会在液体管道中引起液击，产生噪声，甚至导致阀门零件的损坏。为避免这种情况，需要时可选用有缓冲功能的止回阀，以延长关闭时间。

还有一种对夹式止回阀，结构简单，在一块圆板上设一只单向门。只要把其夹在两只法兰中间，安装就完成，非常方便。

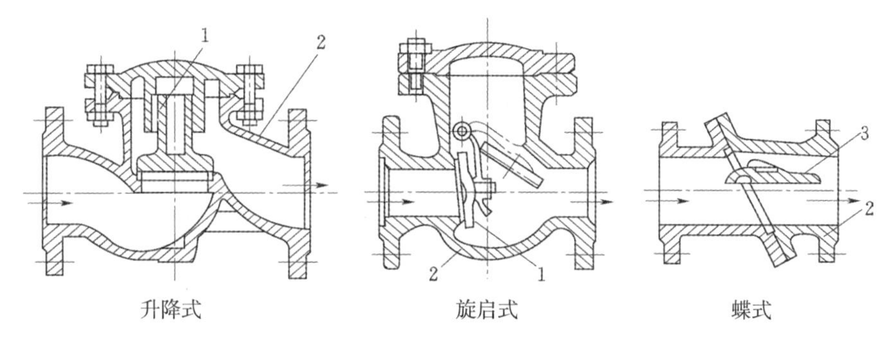

图 2－23　止回阀结构示意图

1—阀瓣；2—阀体；3—蝶板

逆止阀主要用来防止水倒流。如在供水管与施肥系统之间的管道中装上逆止阀，当供水停止时，逆止阀自动关闭，使肥料罐里的化肥和农药不能倒流回供水管中，避免污染，另外在水泵出水口装上逆止阀后，当水泵突然停止时可以防止管路存水倒流，从而避免了水泵倒转。在水泵进水口安装逆止阀（底阀），可以避免吸入管中的水流失，减少灌溉启动引水的麻烦。

（4）减压阀。利用节流原理将流体的进口压力减低并自动保护在某一需要的出口压力的调节阀。减压阀有多种结构形式。常用的有薄膜式和活塞式两类。图 2-24 为带副阀的减压阀。薄膜式减压阀一般适用于温度不高的场合，它的运动部件的摩擦力比活塞式的小，所以灵敏度较高。与此相反，活塞式减压阀的灵敏度低于薄膜式，但适用的压力和温度范围较大。

减压阀又称安全阀，主要用于消除管路中超过设计的或管道所能承受的压力，保证管道安全输配水。如管路中由于开、关阀门过快或突然停机时造成管路中压力突然上升，安全阀就可以有效地消除这些压力，防止发生管道爆裂和接头松脱等事故。一般使用弹簧式减压阀，安装在水泵出水侧的主干输水管上。

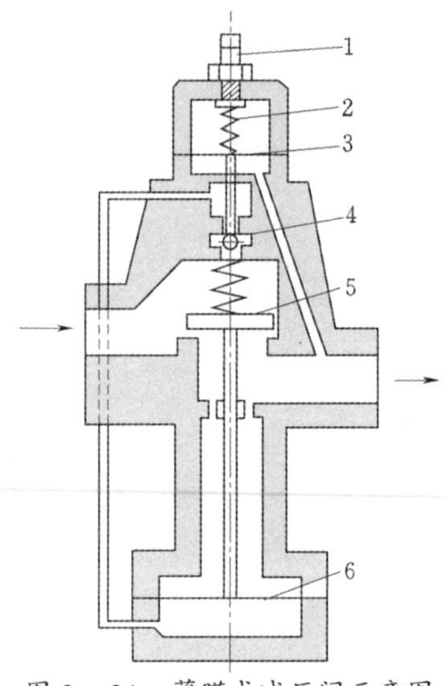

图 2－24　薄膜式减压阀示意图

1—调节螺钉；2—调节弹簧；3—小膜片；4—副阀瓣；5—主阀瓣；6—大膜片

（5）排气阀。供水管道使用的能自动排出空气的阀门（图 2-25）。它垂直安装于管道的顶部，对于管道起伏坡度变化较大和经常充水、排水的管道，安装排气阀能保证供水管道的正常工作。

进排气阀又称为真空破坏阀，主要安装在系统供水管、干管、支管等的高处。当管道开始输水时，管中的空气向管道高处集中，此时主要起排除管中空气的作用，防止空气在此形成气泡而产生气阻，保证系统安全输水。当停止供水时，由于管道中的水流逐渐被排出，致使管道内会出现负压，此时主要起进气作用。另外渗灌系统在尾部排气中应用较多。常用的进排气阀由塑料和有色金属等材料制成。

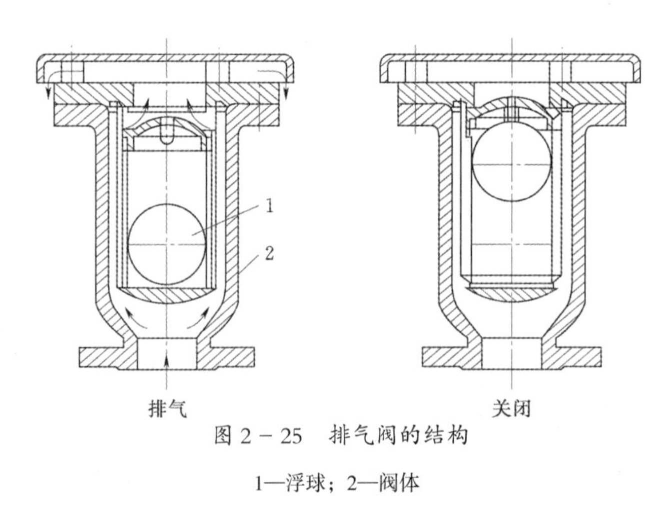

图 2－25　排气阀的结构

1—浮球；2—阀体

（6）蝶阀。蝶阀用圆形蝶板作启闭件并随阀杆转动，以实现启闭动作，如图2-26所示。这种阀结构简单、美观、开关迅速、体积小、重量轻和启闭力矩小。按对密封的要求不同，蝶阀可分别设计成具有截断、调节或截断兼调节的功能。蝶阀应用广，特别是在低压供水管道上有逐步取代闸阀的趋势。蝶阀的密封材料通常用橡胶，用于低温、高温或调节工况的蝶阀，也使用金属密封材料。蝶阀在温室灌溉输水管路系统中大量应用。

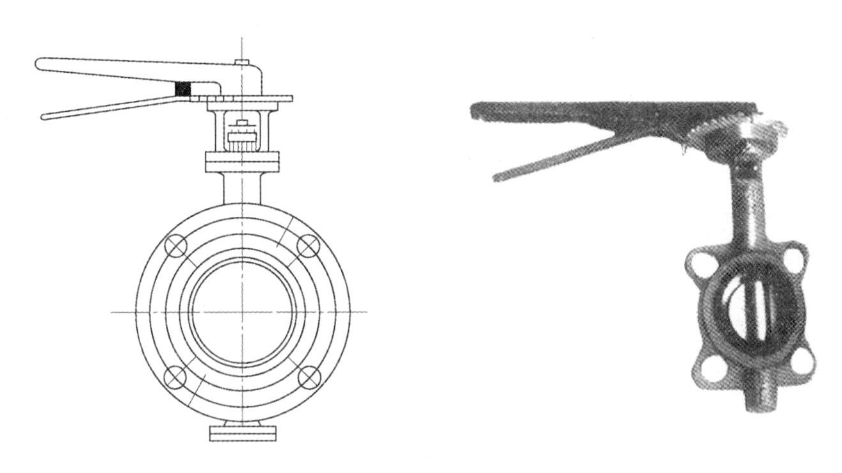

图2－26 蝶阀结构图

各种阀门目前市场价参见表2-10。

表2-10 常用阀门参考价 单位：元

类型 \ 口径	25mm	40mm	50mm	65mm	80mm	100mm	125mm	150mm
丝口闸阀	42	76	126	228	304			
法兰闸阀（明杆）		145	216	251	320	382	570	773
旋启式止回阀		133	180	248	332	419	625	850
对夹式止回阀	120	150	250	380	480	650		
法兰底阀			59	87	119	143	203	276
丝口底阀			25～19	40～27	50～35	65～59		
蝶阀		45	44	48	61	72	104	120
丝口球阀	48	91	120	140				
丝口安全阀	96	158	216					

注 此表为2009年8月市场调查价。

2. 测量装置

对于喷微灌系统，需要测量的主要是水的压力和流量。

（1）压力表。压力表是喷微灌系统中必不可少的测量仪器，它是水泵是否达到额定扬程的指示器。它可以反映系统是否按设计正常运行，特别是过滤器前后的压力表，它实际上是反映过滤器堵塞程度及何时需要清洗过滤器的指示器。常用的压力表是弹簧管压力表。选购要注意选择压力范围为 0 ~ 0.6MPa，如图 2-27 所示。如选用 1.6MPa，甚至更高，就不能正确指示压力！

（2）水表。喷滴灌系统虽然不“按量计费”，但节水灌溉工程一定要能反映用了多少水，所以一定要配置水表。常用水表主要有涡轮流量计和转子流量计水表等。涡轮流量计是利用流过的水流推动涡轮转动，通过一套齿轮传动到计数器，显示用水量，该类流量计应用非常普及，一般水平安装在首部枢纽中过滤器之后的干管上；随着电控技术的发展，将涡轮转速发生电脉冲信号转换成流量参数，大大方便了自动控制的实现。转子流量计是利用水流流动产生的压力差，推动在锥形管中的浮子，显示当时流速的水表，一旦停止水流，水表回零；小流量的管路一般直接垂直安装在主管上；当测量流量大的主管时，也需要垂直并联在主管的旁路水管上。选用水表时，一般要求过流能力大而水头损失小、量水精度高且量程范围大、使用寿命长、维修方便、价格便宜。尽量用数字直读式，如图 2-28 所示。

图 2－27　压力表

图 2－28　水表

四、新型微滤首部装置

由于微灌的喷嘴和滴灌的滴头的孔径很小（1mm 左右），对水质净化要求很高，目前一般处理设备都达不到这个要求，所以微喷头和滴头堵塞是影响微喷系统寿命的最关键因素。

同时灌溉水源中存在大量细菌和病毒，用这种水灌溉作物，使病菌在水和作物之间形成恶性循环，成为一种主要的传染源，需要多用农药，不但增加生产成本，还使无公害农产品生产增加了难度。为此，余姚市水利局奕永庆设计了采用新颖的微滤膜等多级过滤和臭氧发生器组成的首部装置，并已申请了发明专利。

1．原理说明

该设计为微灌系统提供一套水质精细过滤并且杀菌消毒的过滤设施。由过滤网箱、臭氧消毒器、负压肥药器、水泵机组、砂石过滤器、片式过滤器、膜式过滤器（微滤）等7部分组成（图2-29），分述如下。

过滤网箱：在钢筋焊接而成的箱框外包上100～120目滤网（不锈钢或尼龙），有底无盖，水泵进水管放在这个网箱内，以拦截水体污物和粒径大于1mm的悬浮物，是第1级过滤器，也是最重要的“第一道防线”。

臭氧消毒器：为臭氧发生器，系利用高压电电离纯净水水分子，产生三价氧（O_3），这是一种强氧化剂，可以杀死水中的细菌和病毒，以切断灌溉水体病菌传染源。

负压肥料器：是利用水泵进水管的负压，把肥液或药液吸进水泵，取代专用的加肥（药）器。

水泵是常用的离心泵，扬程须在40m以上，如微灌系统在山区可以利用自压，则水泵可以省去。水泵配有变频器，可根据主管内水压变化自动变速，以保证系统在设计恒压力下供水。

砂石过滤器：采用于饮用水系统的压力式石英砂过滤器，截污能力强，水体经过这第2级过滤，可滤去水中大于0.1mm的颗粒 。

片式过滤器：为塑料叠片式过滤器，这第3级过滤器，可拦截水中大于0.01mm（10μm）的颗粒。

膜式过滤器：为微滤膜过滤器，经过这第4级（最后一级）过滤，水中微粒直径仅在0.001mm（1μm）左右，可确保微喷头和滴头不被堵塞。

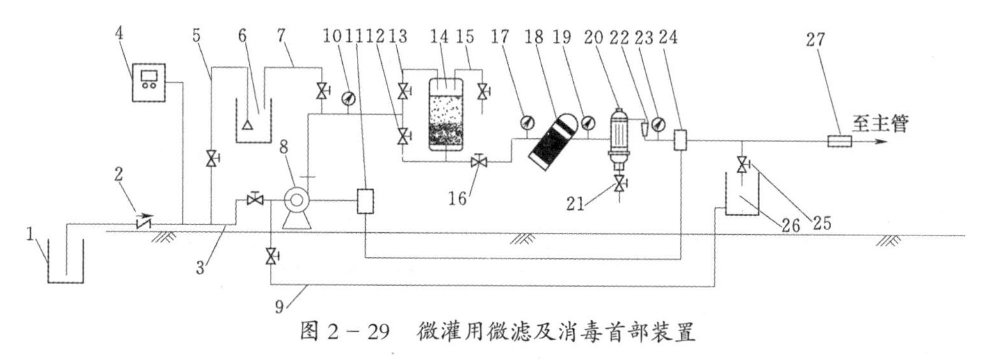

图2－29 微灌用微滤及消毒首部装置

1—过滤网箱；2—逆止阀；3—进水管及截止阀；4—臭氧消毒器；5—肥药管及阀门；6—肥药罐；7—肥药加水管及阀门；8—水泵机组；9—反冲水管及阀门；10—水压表1；11—水泵电机变频调速器；12—反冲进水阀(砂滤)；13—反滤阀(砂滤)；14—压力式砂石过滤器；15—反冲排污阀（砂滤）；16—反冲截止阀（砂滤）；17—水压表2；18—叠片式过滤器；19—水压表3；20—微滤膜过滤器；21—排污阀（微滤）；22—浮子式流量表；23—水压表4；24—压力传感器；25—清水阀；26—清水池；27—主管接口

2. 具体实施方式

把水泵进水管3放入过滤网箱1内，实现第1级过滤；臭氧消毒器4产生的臭氧被水泵进水泵的负压吸入，对水体进行前置灭菌和杀毒。进水管3上逆止阀2系防止停机后药液倒流；打开阀门7，向肥（药）罐注水、搅拌；打开阀门5，利用水泵进水管的负压吸入肥药液，当然进肥（药）水管口也配有过滤罩，以截留液内颗粒。实践中在控制面积较大的系统，配备两只肥药罐，轮流拌肥料，实现不间断作业；变频调速器11根据压力传感器反馈的压力信息，自动调整电机水泵的转速，以使系统的出水压力恒定；打开阀门13、16，关闭阀门12、15为过滤状态，砂石过滤器体积大，有较大的截污、纳污能力，实现第2级过滤；反之，关闭阀门13、16，打开阀门12、15，为反冲状态。当水压表10、17压力差大于0.05MPa时，即实施反冲排污，由于系统间隙性工作，非连续运行，故采用手动排污，以下片式滤器和微滤器均同。这样既降低系统造价，又提高系统运行可靠性；水流经过叠片式过滤，又一次截留水体颗粒，实现第3级过滤，当水压表19、17的压力差大于0.05MPa时，需拆卸后手工清洗滤片；水流经过微滤膜，实现第4级（最后一级）精滤，水中微粒直径在1μm左右，在系统内畅通无阻。当水压表23、19压力差大于0.05 MPa时，打开阀门21，进行手动排污；系统正常工作时，打开阀门25，为水池26贮满清水，当砂石过滤器需反冲时，关闭进水管上截止阀，打开反冲管9上的阀门，进行清水反冲。

该设计是针对农业微灌系统的灌水器（微喷头和滴头）容易堵塞而设计的首部精细过滤装置。经处理后水中的微粒直径仅在1μm左右，可从根本上清除灌水器堵塞的“顽症”。使微灌系统微喷头和滴灌管（带）的寿命延长2~3倍。同时采用臭氧对水体进行杀菌消毒，切断灌溉水体的传染源，是无公害农产品或绿色食品生产的新技术。该装置可用于作物微喷灌和滴灌系统，也可用于畜禽养殖场喷水降温喷药防疫系统。

第四节　输配水管道及管件

管道的种类很多，微灌设计灌溉单元小，轮灌面积仅3500 ~ 7000m^2，故所用管径一般在*DN*110之内，所以只涉及塑料管道。塑料管有重量轻、价格低、耐腐蚀、安装方便、寿命长等综合优点，常见的塑料管有聚乙烯（PE）管、聚氯乙烯（PVC-U）管、聚丙烯（PP-R）管三种，分述如下。

一、聚乙烯（PE）管

1. 聚乙烯管

聚乙烯管根据材料密度不同，可分为高密度聚乙烯管（HDPE）和低密度聚乙烯管（LDPE）。前者为高硬度管，具有较高的强度和刚度，后者为低硬度管，其柔性、伸长率，耐冲击性能好，一般掺入炭黑（约2.5%）做成黑色管，这样可以吸收紫外线，减缓老化的进程，延长使用寿命，同时可以使阳光照不到管内，以防止藻类在管内繁殖。HDPE管材的公称压力和规格尺寸按GB/T 13663—2000标准生产。低密度聚乙烯管在常温条件下使用压力为0.4MPa，一般用于微灌系统能够满足系统要求。

PE管分为PE63（第一代）、PE80（第二代）、PE100（第三代）。其最小抗开裂强度分别为6.3MPa、8MPa、10MPa，即通常所说的强度为63kgf/cm^2、80kgf/cm^2、100kgf/cm^2，等级越高，管子强度越高。一般情况下不大于D63用80级材料，大于D63用100级材料。HDPE80级、HDPE100级管材规格及参考价见表2-11。

表2-11　HDPE80级管材规格与参考价

外径/mm	0.4MPa		0.6MPa		0.8MPa		1.0MPa		参考价	
	壁厚/mm	重量/(kg/m)	壁厚/mm	重量/(kg/m)	壁厚/mm	重量/(kg/m)	壁厚/mm	重量/(kg/m)	压力/MPa	价格/(元/m)
20							2.3	0.13	1.0	2.3
25					2.0	0.15	2.3	0.17	0.8	2.7
32					2.0	0.20	2.4	0.23	0.8	3.6
40			2.0	0.25	2.3	0.28	3.0	0.35	0.6	4.5
50	2.0	0.32	2.0	0.32	2.8	0.42	3.7	0.55	0.6	5.8
63	2.0	0.40	3.0	0.57	3.6	0.6	4.7	0.89	0.6	10.3
75	2.3	0.54	3.6	0.82	4.3	1.0	5.6	1.3	0.6	14.8
90	2.8	0.78	4.3	1.2	5.1	1.5	6.7	1.8	0.6	21.6
110	3.4	1.20	5.3	1.8	6.3	2.2	8.1	2.7	0.6	32.4
160	4.9	2.40	7.6	3.8	9.5	4.6	11.8	5.6	0.6	68.4
200	6.1	3.80	9.6	5.9	11.4	7.2	14.7	8.7	0.6	106.2

注　1. 表中重量按0.95g/cm^{3}平均密度计算，外径及壁厚均取公称值加极限偏差的一半。

2. 价格参考2009年初市场价，以材料重量论基本上为20元/kg上下。

3. 如果微灌系统工作压力不大于50m，则*DN*不小于90的管道可选用0.4MPa等级更经济。

2. 聚乙烯管件

小口径聚乙烯管道的附件规格及参考价见表2-12～表2-15。

表 2-12 常用聚乙烯管件规格及参考价（一）

名称	规格/mm	单价/(元/只)	名称	规格/mm	单价/(元/只)	名称	规格/mm	单价/(元/只)	名称	规格/mm	单价/(元/只)
90°弯头	20	0.21	管套	20	0.15	异径管套	25×20	0.21	异径三通	25×20	0.39
	25	0.36		25	0.24		32×20	0.32		32×20	0.57
	32	0.62		32	0.39		32×25	0.35		32×25	0.65
	40	1.43		40	0.66		40×20	0.60		40×20	1.05
	50	1.83		50	0.90		40×25	0.65		40×25	1.11
	63	3.50		63	1.40		40×32	0.67		40×32	1.20
	75	4.79		75	2.63		50×20	0.90		50×20	1.84
	90	7.93		90	4.28		50×25	0.95		50×25	1.87
	110	15.39		110	6.94		50×32	0.96		50×32	1.98
正三通	20	0.27	管帽	20	0.15		50×40	0.98		50×40	2.16
	25	0.45		25	0.23		63×20	1.81		63×20	3.03
	32	0.77		32	0.32		63×25	1.81		63×25	3.08
	40	1.29		40	0.48		63×32	1.81		63×32	3.19
	50	2.44		50	0.92		63×40	1.81		63×40	3.19
	63	3.35		63	1.64		63×50	1.87		63×50	3.33
	75	6.81		75			75×32	2.12		75×20	3.92
	90	9.93		90			75×40	2.12		75×25	4.19
	110	16.51		110			75×50	2.12		75×32	4.49
45°弯头	20	0.24	法兰接头	20	0.71		75×63	2.12		75×40	4.72
	25	0.33		25	0.90		90×32	3.25		75×50	5.43
	32	0.51		32	1.40		90×40	3.25		75×63	5.86
	40	0.74		40	1.88		90×50	3.25		90×32	6.66
	50	1.38		50	2.60		90×63	3.25		90×40	7.12
	63	2.87		63	4.34		90×75	3.40		90×50	7.71
	75			75			110×50	4.34		90×63	8.53
	90			90			110×63	4.57		90×75	8.68
	110			110			110×75	5.60		110×40	10.19
							110×90	5.60		110×50	10.63
										110×63	11.79
										110×75	13.09
										110×90	14.47

注　表中铜件为 2009 年 4 月执行价。

表 2-13　　　　常用聚乙烯管件规格及参考价（二）

名称	规格 /mm	单价 /(元 / 只)	名称	规格 /mm	单价 /(元 / 只)	名称	规格 /mm	单价 /(元 / 只)	名称	规格 /mm	单价 /(元 / 只)
内螺直接	20×15	1.63	外螺三通	20×15	2.34	内螺弯头	20×15	1.69	阀门	20	6.60
	25×15	1.65		25×15	2.53		25×15	1.86		25	8.55
	25×20	2.42		25×20	3.23		25×20	2.57		32	9.30
	32×20	2.50		32×20	3.51		32×20	2.83		40	17.05
	32×25	5.50		32×25	7.12		32×25	5.37		50	20.10
	40×32	10.10		63×20	5.85		20×15	2.23		63	36.00
	50×40	11.70		63×25	9.81	外螺弯头	25×15	2.44			
	63×50	15.48	内螺三通	20×15	1.77		25×20	3.09			
外螺直接	20×15	2.17		25×15	2.05		32×20	3.41			
	25×15	2.25		25×20	2.78		32×25	6.92			
	25×20	2.95		32×20	2.98	内组合活接	20		外组合活接	20	
	32×20	3.09		32×25	5.51		25			25	
	32×25	6.68		63×20	5.70		32			32	
	40×32	10.28		63×25	8.29		40			40	
	50×40	12.51					50			50	
	63×50	20.46					63			63	
内牙异径直接	63×20	3.85	外牙异径直接	63×20	4.48						
	63×25	6.43		63×25	8.10						

注　表中铜件为 2009 年 4 月执行价。

表 2-14　　　　常用聚乙烯管件规格及参考价（三）

名称	规格 /mm	单价 /(元 / 只)	名称	规格 /mm	单价 /(元 / 只)	名称	规格 /mm	单价 /(元 / 只)
内螺直接	32×15	3.36	外螺三通	32×25		内螺弯头	32×25	
	40×32	5.83						
	50×40	7.00						
	63×50	9.30						
外螺直接	32×25	4.88	内螺三通	32×25		外螺弯头	32×25	
	40×32	7.20						
	50×40	9.00						
	63×50	13.90						

注　1. 表中铜件为 2009 年 4 月执行价。

2. 表中铜件均不带六角。

表 2-15 PE 给水用对接管件价格表

名称	规格 /mm	单价 /(元 / 只)	名称	规格 /mm	单价 /(元 / 只)	名称	规格 /mm	单价 /(元 / 只)
90°弯头	L75	6.15	正三通	L75	8.29	异三通	T75-32	6.98
	L90	9.20		L90	11.10		T75-40	7.17
	L110	13.80		L110	17.80		T75-50	7.53
	L160	32.00		L160	39.50		T75-63	7.85
	L200	57.60		L200	75.58		T90-50	9.96
	L250	100.90		L250	133.60		T90-63	10.28
法兰	F63	3.05	异径直接	S110-63	8.14		T90-75	11.02
	F75	5.17		S110-75	9.17		T110-50	14.89
	F90	6.30		S110-90	10.20		T110-63	16.11
	F110	9.50		S160-90	25.97		T110-75	16.48
	F160	19.70		S160-110	27.00		T110-90	17.25
	F200	33.00		S200-110	28.47		T160-63	37.84
	F250	56.60		S200-160	37.10		T160-75	38.70
	F315	110.20		S250-160	44.70		T160-90	39.98
	F400	176.30		S250-200	47.80		T160-110	41.76
45°弯头	L90	6.97		S315-200	54.70		T200-90	67.95
	L110	11.20		S315-250	58.30		T200-110	69.60
	L160	26.80	管帽	D110	5.85		T200-160	72.90
	L200	44.70					T250-110	120.00
内丝三通	110×50	29.49	外丝三通	110×50	36.27		T250-160	121.90
	160×50	60.78		160×50	66.26		T250-200	123.90
	200×50	92.57		200×50	97.24			
	110×20	17.60		110×20	18.23			
	110×25	19.88		110×25	21.52			
	90×20	12.10		90×20	12.75			
	90×25	14.30		90×25	16.00			
	90×50	23.82		90×50	29.60			

二、聚氯乙烯（PVC-U）管

尽管价格最低，但由于存在“硬脆性”，且管路中接头多，运行中破损概率高，已逐渐淡出城乡供水系统和喷滴灌系统，但由于价格相对较低，部分主管仍采用PVC-U 管，埋在土下。

三、普通钢管

钢管的机械强度最好，可以承受高的内外压力，管件的易焊接性使之便于制造各种管件，特别能适应地形复杂的管线使用。一般用于裸露的管道或穿越公路的管道。

钢管的缺点是：价格高，易腐蚀，寿命较短，常年输水钢管的使用寿命约 20 年，而 PE 管预期寿命为 50 年。

常见的镀锌管分冷镀锌和热镀锌管，热镀锌管保护层致密均匀，附着力强，稳定性较好。而冷镀锌管由于保护层不够致密均匀，稳定性差，价格仅为前者的 2/3，一般使用寿命不到 5 年就锈蚀，出现“黄水”，各种有害细菌超过国家生活饮用水质标准，已在生活给水管道中禁止使用，喷滴灌工程中尽量不用。热度锌管规格及价格参见表 2-16。

表 2-16　　普通钢管规格与参考价格

序号	直径 D_g		外径 D	壁厚 δ	理论重量	参考价
	mm	英寸	/mm	/mm	/(kg/m)	/(元 /m)
1	15	1/2	21.3	2.75	1.25	6.6
2	20	3/4	26.8	2.75	1.63	8.6
3	25	1	33.5	3.25	2.42	12.8
4	32	11/4	42.3	3.25	3.13	16.6
5	40	11/2	48.0	3.50	3.84	20.4
6	50	2	60.0	3.50	4.88	25.9
7	65	21/2	75.5	3.75	6.64	35.2
8	80	3	88.5	4.00	8.34	44.2
9	100	4	114.0	4.00	10.85	57.5
10	125	5	140.0	4.50	15.04	79.5
11	150	6	165.0	4.50	17.81	94.3

注　1. 普通钢管包括焊接钢管和镀锌管。

2. 参考价按钢材价 5300 元 /t 计。

第五节 微灌灌水器

一、滴头

通过流道或孔口将毛管中的压力水流变成滴状或细流状的装置称为滴头。其流量一般不大于12L/h。

滴头按装置的部位分为管上式和内镶式；按压力分为压力补偿式和非压力补偿式。其结构种类很多，按滴头的结构可大致把它分为如下几种。

1. 长流道型滴头

长流道型滴头是靠水流与流道壁之间的摩阻消能来调节出水量的大小。如微管滴头、内螺纹管式滴头等（图2-30和图2-31）。

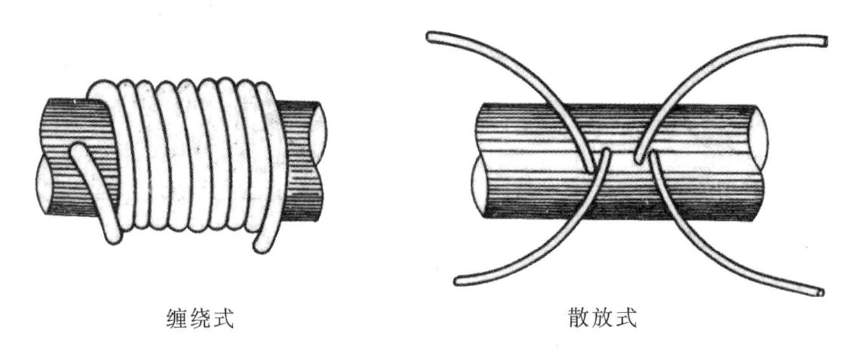

图2－30 微管滴头

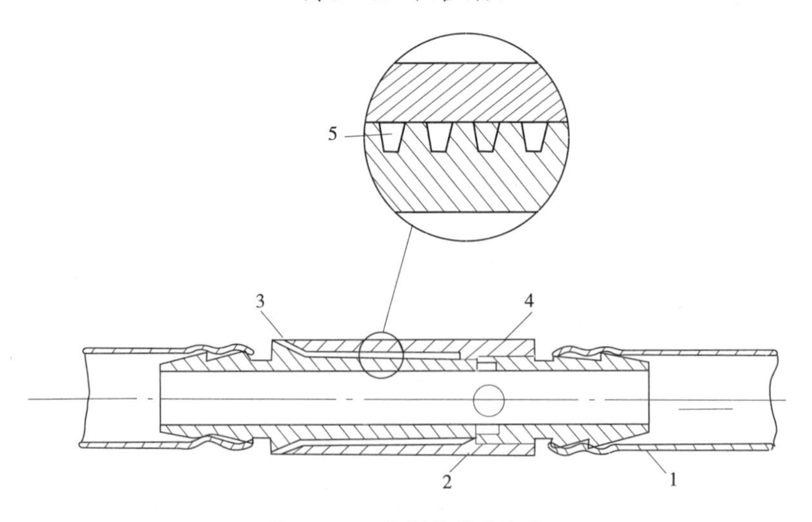

图2－31 内螺纹管式滴头

1—毛管；2—滴头；3—滴头出水口；4—螺纹流道槽；5—流道

2. 孔口型滴头

孔口型滴头是靠孔口出流造成的局部水头损失来消能调节出水量的大小，如图 2-32 所示。

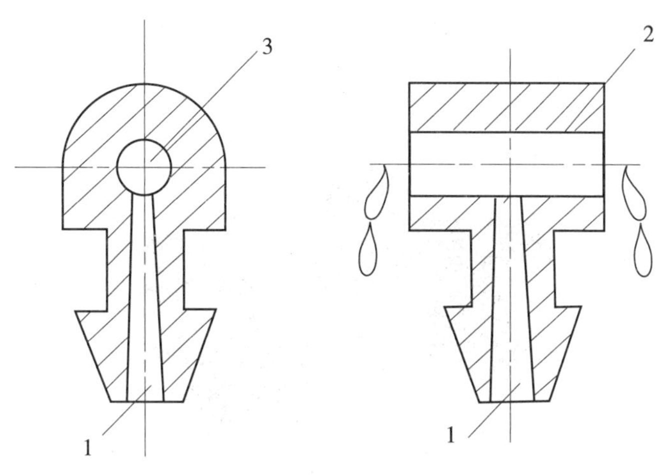

图 2－32　孔口消能滴头

1—进水口；2—出水口；3—横向出水道

3.涡流型滴头

涡流型滴头是靠水流进入灌水器的涡室内形成的涡流来消能调节出水量的大小。水流进入涡室内，由于水流旋转产生的离心力迫使水流趋向涡室的边缘，在涡流中心产生一低压区，使中心的出水口处压力较低，因而调节出流量（图 2-33）。

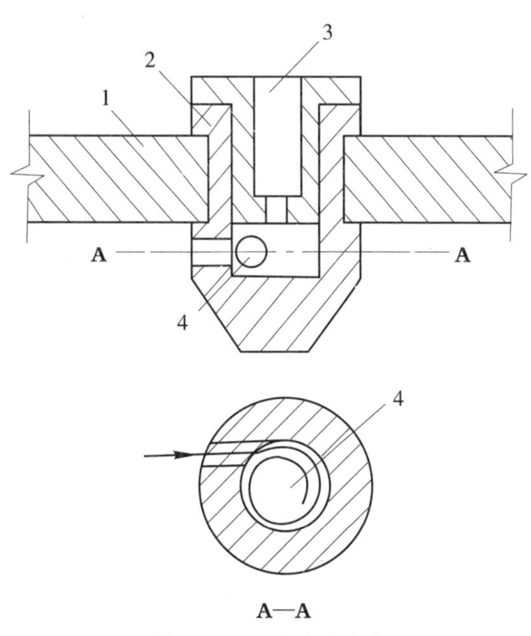

图 2－33　涡流型滴头

1—毛管壁；2—滴头体；3—出水口；4—涡流室

4. 压力补偿型滴头

压力补偿型滴头是利用水流压力对滴头内弹性体(片)的作用,使流道(或孔口)形状改变或过水断面面积发生变化,即当压力减小时,增大过水断面面积,压力增大时,减小过水断面面积,从而使滴头出流量自动保持稳定,同时还具有自清洗功能(图 2-34)。

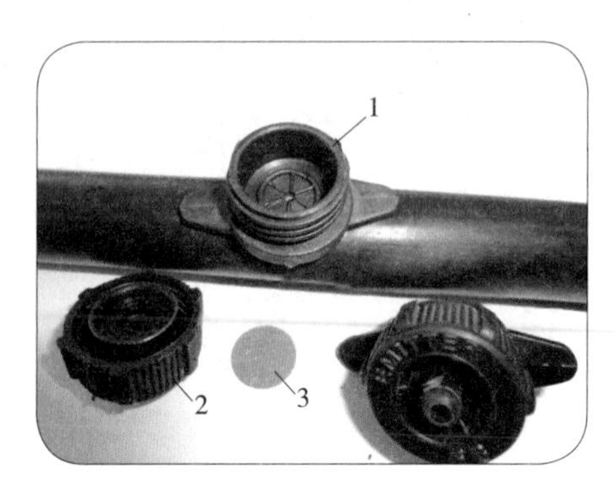

图 2－34　压力补偿型滴头

1—上盖;2—迷宫式底座;3—橡胶补偿片

北京绿源公司的管上压力补偿式滴头以及性能曲线如图 2-35 所示。

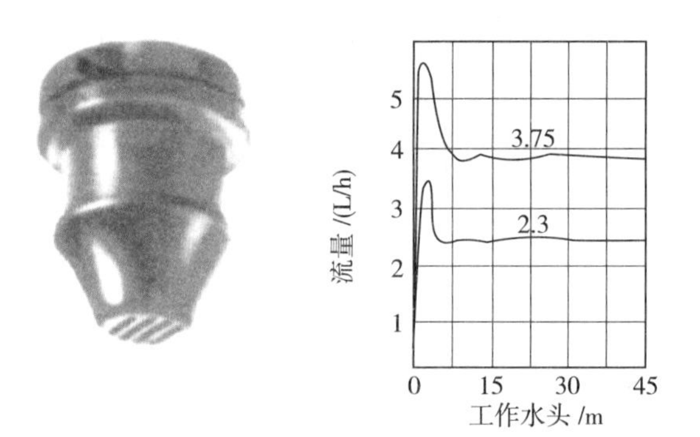

图 2－35　北京绿源公司管上压力补偿式滴头及其性能曲线

西班牙阿速德公司管上压力补偿式滴头外观以及其性能曲线如图 2-36 所示。

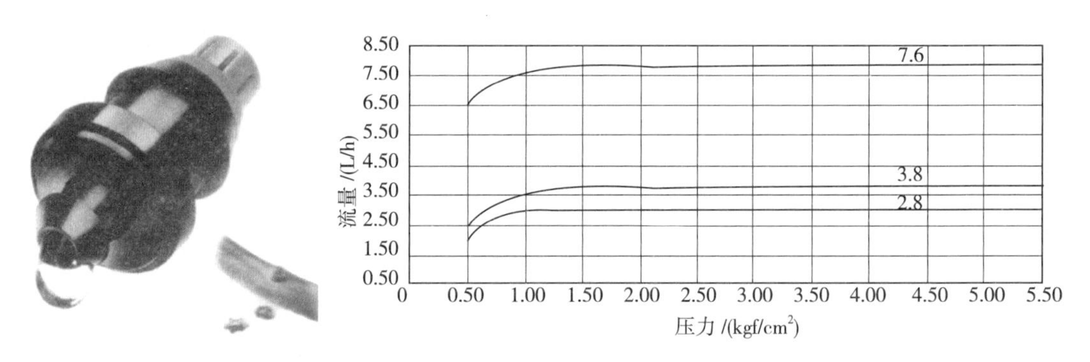

图 2－36　西班牙阿速德公司管上压力补偿式滴头及其性能曲线

5. 防倒吸压力补偿式滴头

防倒吸压力补偿式滴头（图 2-37）是特别为地下灌溉而设计的，可防止微粒的吸入，具有大范围压力（35 ~ 500kPa）补偿作用，采用具有化学惰性和耐久性的硅胶膜制成，可达到优良的性能，在滴头系列中是系数变化最小的产品之一。在进水口压力低于 20kPa 时，滴头具有自动停止滴水功能。

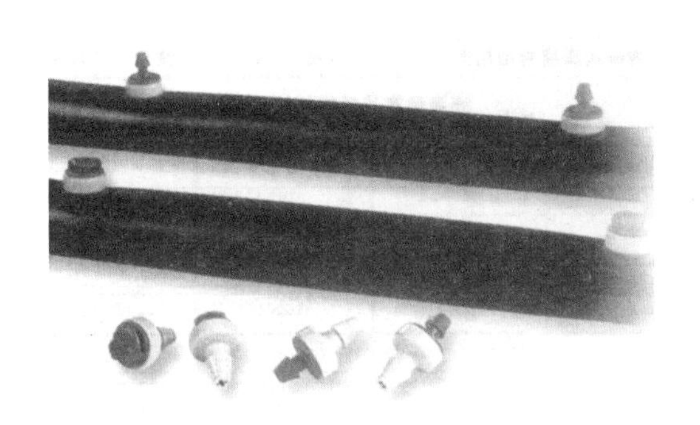

图 2 - 37　防倒吸压力补偿式滴头

二、微喷头

微喷头是将压力水流以细小水滴喷洒在土壤表面的灌水器。其品种较多，以水源压力分可分为高压（不小于 300kPa）和低压（小于 300kPa）两种。微喷头的工作压力一般为 50 ~ 300kPa，喷嘴直径为 0.8 ~ 2.2mm，单个喷头流量一般小于 250L/h，射程一般小于 7m。目前常用的以低压为主，主要有离心式、折射式、旋转式 3 种类型。

1. 离心式微喷头

离心式微喷头又称为涡流式雾化喷头。该喷头射程小，水滴尺寸小，且基本相同，雾化程度好（水滴平均直径 0.07mm），常用于育苗、移栽的雾化微喷灌、加湿和降温。常用的离心式喷头分为四出口和单出口，外形如图 2-38（a）所示。

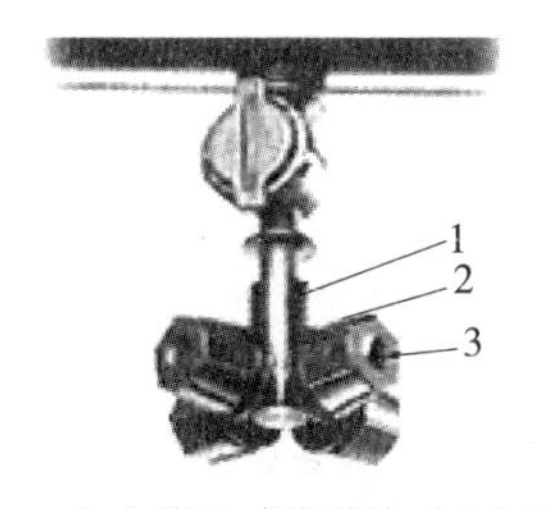

（a）离心式微喷头（4 个喷嘴）

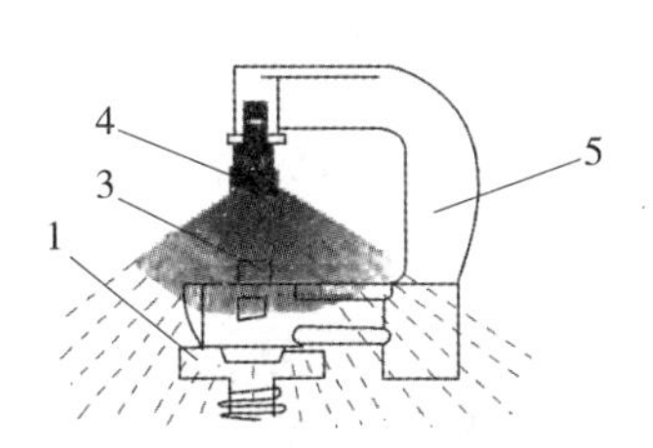

（b）折射式微喷头

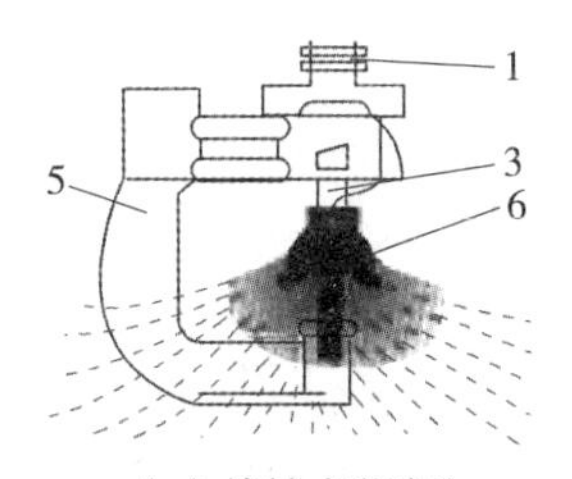

（c）旋转式微喷头

图 2 - 38　常见微喷头

1—进水口；2—离心室；3—喷嘴；4—折射锥；5—支架；6—分液器

离心式微喷头性能见表 2-17。

表 2-17　　离心式微喷头性能

企业货号	喷嘴直径及颜色 /mm	压力 /MPa	流量 /(L/h)	射程 /m	参考价 /(元/套)	备注
1301	0.8 黑色	0.22	33.5	1.2	5.7	四出口
		0.25	36.0	1.5		
		0.28	37.5	1.8		
1302	0.6 灰色	0.22	24.0	1.2		
		0.25	26.0	1.5		
		0.28	27.0	1.8		
1311	0.8 黑色	0.22	8.4	1.2	3.2	单出口
		0.25	9.0	1.5		
		0.28	9.4	1.8		
1312	0.6 灰色	0.22	6.0	1.2		
		0.25	6.5	1.5		
		0.28	6.8	1.8		

注　表中数值为喷头悬挂高度 1.8m、室内无风条件下的测试结果。参考价为 2010 年市场价。

从表 2-17 可以看出：

（1）流量的波动小于压力的波动，当压力变幅 ±12% 时，流量变幅为 4.2% ~ 9.7%。

（2）射程的波动大于压力的波动，当压力变动 ±12% 时，射程的变幅为 20%。

三者波动幅度依次为，射程 > 压力 > 流量。

（3）流量与喷嘴直径的平方成正比，当喷嘴直径减小到 87.5% 时，流量减少到 72%。

当水滴直径小于 0.02mm 时，水滴就不会直接落到地面，而是成为雾气在空中飘移，这样就很容易吸收空气中的热量而蒸发，不会造成温室内地面或植物表面湿度增加，能够获得理想的降温效果。而当水滴直径大于 0.15mm 时，水滴直接降落到地面，这样难以吸收空气中的热量而蒸发，造成地面或植物表面湿度增加，降温效果较差，需要降温时，应尽量选用水滴直径小的雾化喷头。

2. 折射式微喷头

折射式微喷头的特点是结构简单，无运动部件，工作可靠，价格比旋转式便宜，射程较小，雾化比离心式差（水滴平均直径约 0.15mm），但比旋转式好，且水滴大小差别大，喷灌强度大，喷洒均匀度低，这种喷头可以实现全圆、半圆、扇形喷洒，适用于果园、苗圃、温室、花卉灌溉。其外形如图 2-38（b）所示。其性能见表 2-18。

表 2-18 折射式微喷头性能表

企业货号	喷嘴直径及颜色 /mm	压力 /MPa	流量 /（L/h）	射程 /m		参考价 /（元/套）
				悬挂	插杆	
1201	0.8 黑色	0.18	30	0.8	0.8	悬挂式 6.35
		0.22	35	0.8	0.8	
		0.25	37	0.9	0.9	
		0.28	39	0.9	0.9	
1202	1.0 蓝色	0.18	45	1.0	0.9	
		0.22	50	1.0	0.9	
		0.25	54	1.1	1.0	
		0.28	58	1.1	1.1	
1203	1.2 绿色	0.18	67	1.1	1.0	插杆式 4.35
		0.22	75	1.1	1.0	
		0.25	81	1.2	1.1	
		0.28	86	1.2	1.2	
1204	1.4 红色	0.18	85	1.2	1.0	
		0.22	98	1.2	1.1	
		0.25	105	1.3	1.2	
		0.28	110	1.3	1.2	

注 表中数据为悬挂时喷头离地 1.8m、插杆时喷头离地 0.35m，室内无风条件下的测试结果。参考价为 2010 年市场价。

3. 旋转式微喷头

旋转式微喷头射程远，水滴尺寸大，雾化程度低，喷灌强度低，喷洒均匀度高，适用于果园、温室、苗圃和城市园林绿化的灌溉，特别适合于密植作物的全面喷洒灌溉，这种喷头只能进行全圆喷洒。其性能参数见表 2-19。

从表 2-19 中可以看到，旋转式微喷头与折射式微喷头相比，流量相同，而射程大致是折射式微喷头射程的 3.5 倍，则喷洒面积约为 12 倍，所以喷灌强度也仅为 1/12。但造价略高，一般亩投资会达 2000 元以上。其外形如图 2-38（c）所示。

表 2-19　旋转式微喷头性能

企业货号	喷嘴直径及颜色 /mm	压力 /MPa	流量 /（L/h）	射程 /m		参考价 /（元/套）
				悬挂	插杆	
1101	0.8 黑色	0.18	30	2.8	2.6	悬挂式 6.35
		0.22	35	3.0	2.8	
		0.25	37	3.2	3.0	
		0.28	39	3.4	3.1	
1102	1.0 蓝色	0.18	45	3.2	3.0	
		0.22	50	3.3	3.1	
		0.25	54	3.5	3.3	
		0.28	58	3.8	3.5	
1103	1.2 绿色	0.18	67	3.6	3.4	插杆式 4.35
		0.22	75	3.7	3.5	
		0.25	81	4.0	3.8	
		0.28	86	4.2	4.0	
1104	1.4 红色	0.18	85	3.8	3.7	
		0.22	98	4.0	3.9	
		0.25	105	4.2	4.1	
		0.28	110	4.4	4.3	

注　测试条件同表 2-18。参考价为 2010 年市场价。

4. 微喷头的两种组装方式

常见的组合方式有悬挂式和插杆式，如图 2-39 所示。

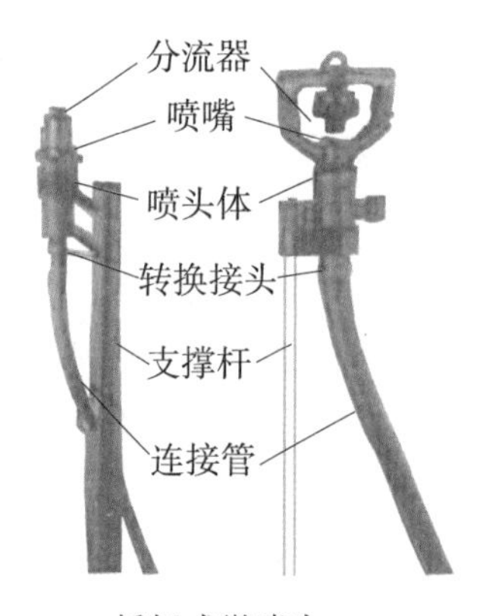

插杆式微喷头

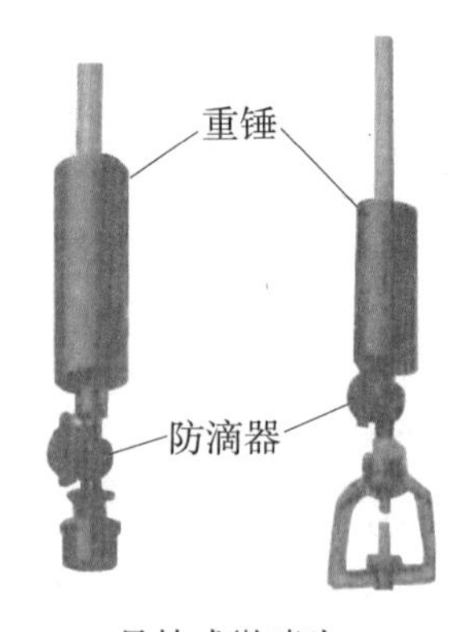

悬挂式微喷头

图 2－39　微喷头组合方式

（1）悬挂式微喷头。温室或棚架式苗圃中，通常把微喷头倒挂安装在上部，可以避免设备对田间作业的影响，与地面插杆式微喷头不同之处是不用插杆，增加了重锤管，以防止微喷头工作时的自身晃动，同时增加了防滴器，以防停止灌溉后，管内存水从喷头流出。

（2）插杆式微喷头。是安装在地面的微喷头组合体，安装方便，并且由于不需要防滴器，故价格低，约为 2 元 / 套，但会对田间作业带来不便。

5. 折射式与旋转式微喷头性能对比

折射式微喷头与旋转式微喷头尽管属于同一类喷水器，但却具有不同的属性。

（1）折射式微喷头雾化好，射程小，除灌溉外可作要求不高的加湿或降温使用；旋转式微喷头水滴大，射程远，只能作为灌溉使用。

（2）折射式微喷头水量分布均匀较差，只能作为局部灌溉。旋转式微喷头水量分布均匀，可用于全面灌溉。

（3）折射式微喷头喷灌强度大，宜作为周期短的频繁灌溉方式。旋转式微喷头喷灌强度小，灌溉周期可增加。

（4）折射式微喷头可实现多种形状（圆形、半圆形、扇形、条形）喷洒；旋转式微喷头只能作全圆喷洒。

（5）折射式微喷头最小工作压力低；旋转式微喷头最小工作压力高。

（6）折射式微喷头没有运动部件，工作可靠，寿命长；旋转式微喷头结构复杂，使用寿命短。

6. SW200 型微型喷头

表 2-20 列出了雨鸟 SW200 型摇臂旋转式微喷头水力性能，如图 2-39 所示为其外形，可用于蔬菜和花卉。

表 2-20　　美国雨鸟 SW200 型摇臂旋转式微喷头水力性能

喷嘴编号	压力 /MPa	流量 /(L/h)	不同仰角时的喷射半径 /m				备注
			0°	8°	16°	24°	
04	200	95	4.3	7.0	7.9	8.5	推荐使用 80 目的过滤器
	250	106	4.6	7.0	7.9	8.2	
	300	116	4.7	7.3	7.6	7.9	
05	200	128	4.5	6.4	7.2	7.9	
	250	143	4.9	6.4	7.3	7.9	
	300	157	5.0	6.7	7.3	7.7	

续表

喷嘴编号	压力 /MPa	流量 /(L/h)	不同仰角时的喷射半径 /m				备注
			0°	8°	16°	24°	
06	200	147	4.8	6.4	7.0	7.9	推荐使用 40 目的过滤器
	250	164	5.1	6.7	7.2	7.6	
	300	180	5.1	6.7	7.0	7.6	
07	150	148	4.6	6.3	6.9	7.5	
	200	170	4.9	6.4	7.0	7.6	
	250	190	4.9	6.7	7.0	7.6	
	300	208	4.9	6.7	7.0	7.6	
08	150	172	4.4	6.4	7.1	7.4	
	200	199	4.6	6.6	7.3	7.6	
	250	223	4.6	6.7	7.0	7.6	
	300	244	4.6	6.7	7.0	7.6	

注　表中数据为射程为喷头离地 0.6m、室外无风条件下的测试结果。

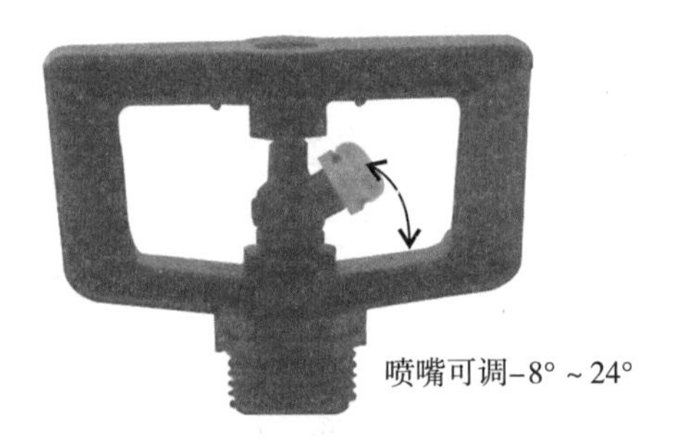

图 2－40　SW200 型微喷头外形

三、微喷带

微喷带即用微喷水带代替微喷头，是采用特殊的激光打孔方法生产的多孔微喷灌带，具有喷水柔和、适量、均匀，低水压、低成本，铺设、移动、卷收、保管简单方便等优点，主要适用于农田、果园、菜地、林草花卉及设施栽培农业灌溉等。微喷水带又称薄壁多孔管，是在可压成平带的薄壁塑料管上打小孔，当管道充满水时，水从小孔喷出，喷洒两边作物。常用微喷带性能见表 2-21。

表 2-21 微喷带规格性能

名称	使用压力 /kPa	每米流量 /[L/(h·m)]	使用长度 /m	喷洒长度 /m	喷洒高度 /m	产地
(ϕ33)3 ~ 5 孔增强喷水带	60 ~ 200	30 ~ 70	100	4 ~ 7	1.5 ~ 3.0	安徽界首
(ϕ40)3 ~ 5 孔增强喷水带	60 ~ 200	40 ~ 80	100	4 ~ 8	1.5 ~ 3.0	安徽界首
(ϕ34)6 孔	50 ~ 200	55 ~ 110	100	4 ~ 8	1.5 ~ 2.5	日本
(ϕ40)6 孔	50 ~ 200	12 ~ 100	100	4 ~ 8	1.5 ~ 2.5	韩国

微喷带与支管连接安装示意如图 2-41 所示，压力与喷洒宽度关系如图 2-42 所示。

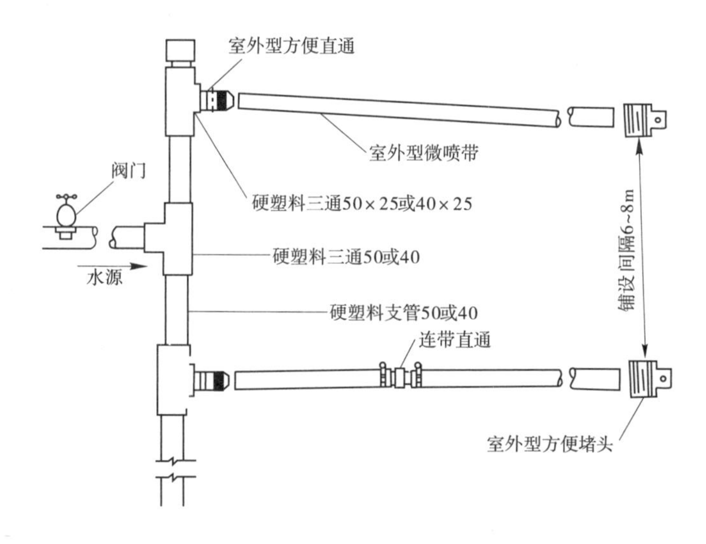

图 2-41 微喷带安装连接示意图

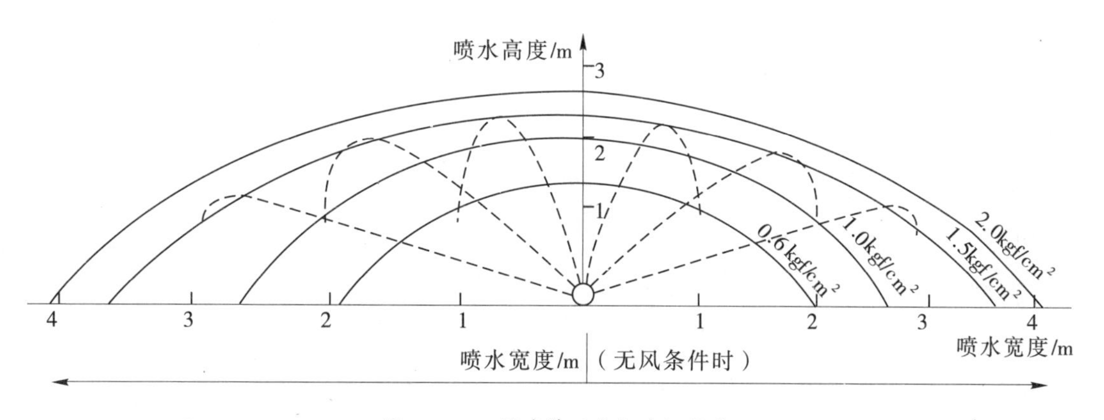

图 2-42 微喷带压力与喷洒宽度

微喷带与其他微灌设备相比，有以下优点：

（1）投资较低。微喷带是现有各种微灌设备中投资最低的一种。

（2）抗堵塞性能好。堵塞是微灌系统的致命伤，而微喷带出水小孔的流道短，不易附着杂质，即使小孔堵塞也可以冲水排除。

（3）工作压力低、耗能少。采用滴头或微喷头的微灌系统运行压力为100 ~ 200kPa。微喷带工作压力为10 ~ 100kPa，且流量大、灌水时间短，因此耗能少、运行费用低。

（4）规模可大可小。规模既适于700 ~ 2000m^2面积的小家庭，也适于面积数十公顷的种植大户，安装使用灵活方便。

（5）能够实现滴灌与微喷灌的转换。将微喷带置于地膜与地表之间，小孔出流射到地膜后，经地膜反射后可形成滴灌效果；如果去掉地膜，适当增加供水压力，小孔出流直射空中，就是微喷灌，从而实现滴灌与微喷灌的转换。在蔬菜、草莓的大棚等设施栽培中，定植期采用微喷，有利于提高成活率等；成活（或大棚扣棚）后覆地膜转为滴灌，又可有效降低大棚内空气湿度，减轻病虫害的发生，既经济又高效。

四、滴灌管（带）

目前使用较广的滴水器主要有滴灌带、内镶式滴头、管间式滴头等，以下作简要介绍。

1. 单翼迷宫式滴灌带

这种滴灌带为一次性（年）产品，其性能如下：

（1）薄壁式滴灌带，迷宫流道、滴孔、管道一次成型，成本低，性能优异。

（2）较宽的迷宫水流道，水流呈紊流态，且有多个进水口，具有较好的抗堵塞能力。

（3）选用优质PE材料，拉伸性能优良，便于铺设。

（4）重量轻，搬运，铺设回收方便。

缺点为均匀性略逊色，但因为廉价而受农民欢迎。

滴灌带价格为0.3元/m左右，单价200元/亩以下，包括其他设备总造价350 ~ 450元/亩。与地膜结合形成“膜下滴灌”很有推广价值。

一般使用寿命有两年。其形状如图2-43所示，其性能见表2-22和表2-23。

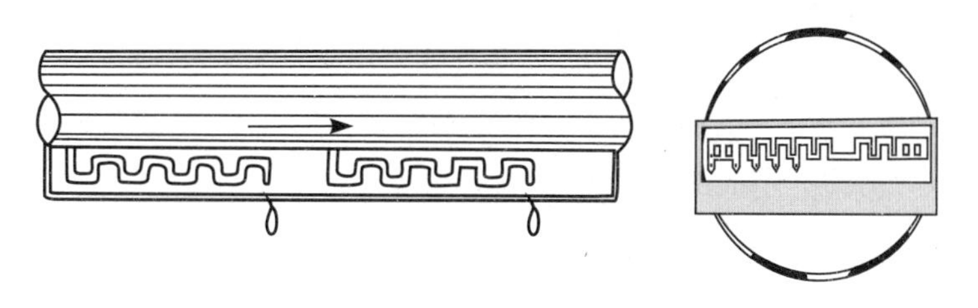

图 2－43 单翼迷宫式滴灌带

表 2-22 迷宫式滴灌带规格与主要参数

规格	内径 /mm	壁厚 /mm	滴孔间距 /mm	流量 /(L/h)	工作压力 /kPa	每卷带长度 /m
200-2.5	16	0.18	200	2.5	50 ~ 100	2000
300-1.8	16	0.18	300	1.8		2000
300-2.1				2.1		
300-2.4				2.4		
300-2.6				2.6		
300-2.8				2.8		
300-3.2				3.2		
400-1.8	16	0.18	400	1.8		2000
400-2.5				2.5		

表 2-23 迷宫式滴灌带最大铺设长度和进口流量

规格	铺设长度 /m	平均滴头流量 /(L/h)	滴灌带进口流量 /(L/h)
200-2.5	87	2.0	870
300-1.8	124	1.4	578
300-2.1	116	1.6	618
300-2.4	107	1.9	676
300-2.6	102	2.1	714
300-2.8	96	2.3	736
300-3.2	85	2.7	764
400-1.8	154	1.4	539
400-2.5	130	2.0	650

注 工作条件为地面坡度为 0、工作水头 10m、灌水均匀系数 90%。

2. 内镶式滴灌管

即在毛管内壁镶了滴头，具有明显优点：

（1）滴头一次性注塑成形，流量偏差小。

（2）滴头自带长而宽的曲径式过滤流道，水流量全紊流，能有效防止堵塞。

（3）滴头与毛管在线一体化挤压成型，使用方便，价格低，属经济型滴灌管（带），适用于大田作物，当然也可用于温室大棚。

（4）在田间易于布置和收取。

（5）滴头间距可根据用户要求调整。

缺点是易堵塞（与迷宫式、节间式相比）。

按滴头形状分，内镶式滴头可分可条形（片式）和圆柱形（管式）两种。滴头安装在毛管内壁，毛管是薄壁（0.4mm 以下）的称为滴灌带，使用寿命较短；毛管是厚壁（大于 0.4mm）的称为滴灌管，相对寿命较长。内镶式滴头外形如图 2-44 所示。滴灌管与滴灌带规格分别见表 2-24 和表 2-25。

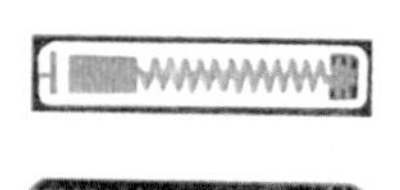
条形滴头

圆柱形滴头

图 2-44 内镶式滴头

表 2-24 国产内镶式滴灌管规格性能

管径 /mm	壁厚 /mm	长度 /(m/ 管)	滴头间距 /m	压力 /MPa	流量 /[L/(h·m)]	铺设长度 /m
16	0.6	500	0.3/0.5/1.0	0.05/0.10/0.15	2.4/3.1/3.6	≤ 100
16	0.6	500	0.3/0.4/0.5	0.25max	2.3/3.75	70 ~ 100
16	0.4	1000	0.3/0.4/0.5	0.2max	2.3/3.75	
16	0.2	2000	0.3/0.4/0.5	0.1max	2.3/3.75	
12	0.4	2000	0.3/0.4/0.5	0.2max	2.3/3.75	

表 2-25　国产内镶式滴灌管规格性能

管径 /mm	壁厚 /mm	长度 /(m/ 管)	滴头间距 /m	压力 /MPa	流量 /[L/(h·m)]	铺设长度 /m
15	0.2	500	0.25	0.02 ~ 0.08	2 ~ 6	≤ 100
16	0.2		0.3/0.4/0.5	0.1	2.7	≤ 70
16	0.2/0.4		0.3	0.5 ~ 1.5	2.1 ~ 3.3	≤ 70
12	0.4		0.3	0.5 ~ 1.5	2.1 ~ 3.3	≤ 70
15.9	0.4		0.3/0.2	0.25 ~ 0.7	3.7	≤ 150/130
15.9	0.2		0.6/0.3	0.25 ~ 1.0	3.7	≤ 200/150
15.9	0.4		0.6/0.3	0.25 ~ 1.0	3.7	≤ 200/150

3. 管间式滴头

在两段毛管中间安装滴头，即把管式滴头带倒钩的接头分别插入两段毛管内，大部分水流经滴头内腔，进入下段毛管，很小部分水滴出。这种滴头的优点是便于堵塞时拆卸清洗。其结构如图 2-45 所示，主要产品规格见表 2-26。

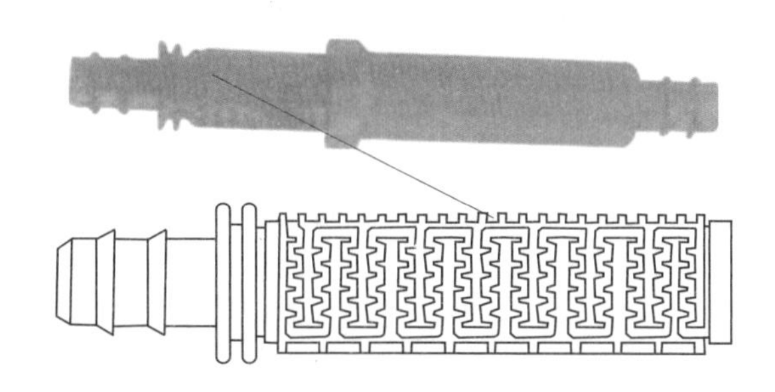

图 2-45　管间式滴头的结构

表 2-26　国内外制造厂商生产的管间式滴头规格

制造厂商名称	流量 /(L/h)	管径 /mm
耐特费姆公司（Netafim）	1.0、1.5、2.0、4.0、8.0	12、16
詹恩斯灌溉系统公司（Jaing）	2.0、2.4、2.8	12
安格瑞费姆灌溉公司（Agrifim）	1.5、1.9、2.2	6、12
易瑞安技术有限公司（Irrican）	4	12、16

五、其他灌水器

微灌灌水器除以上介绍的产品外，还有涌流灌水器（小管出流）、滴箭、重力滴灌灌水器、脉冲微喷灌水器、渗灌管和浸灌器等。

1. 涌流灌水器（小管出流）

涌流灌水器（图 2-46）由 ϕ4LDPE 塑料小管和专用接头连接后插入毛管而成。它的工作水头低、孔口大，不易被堵塞，主要适用于果树和防风林带灌溉。

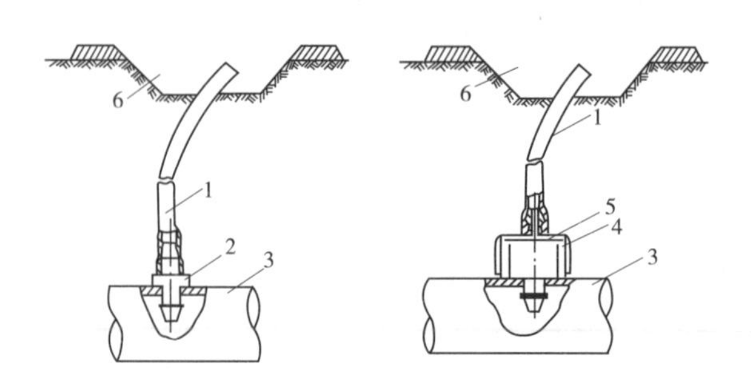

图 2-46 涌流灌水器（小管出流）装配图

1—ϕ4 小管；2—接头；3—毛管；4—稳流器；5—胶片；6—渗水沟

2. 滴箭

滴箭（图 2-47）由 ϕ2LDPE 管和滴箭头及专用接头连接后插入毛管而成，主要适用于温室蔬菜、无土栽培和盆栽花卉等观赏植物。

3. 渗灌管

渗灌管（图 2-48）是用 2/3 的再生橡胶粉（废旧橡胶，旧轮胎）和 1/3 的聚乙烯（PE 塑料）及特殊添加剂混合制成的网状渗水多孔管。该管埋入地下渗灌，渗水孔不易被泥土堵塞，植物根也不易扎入。

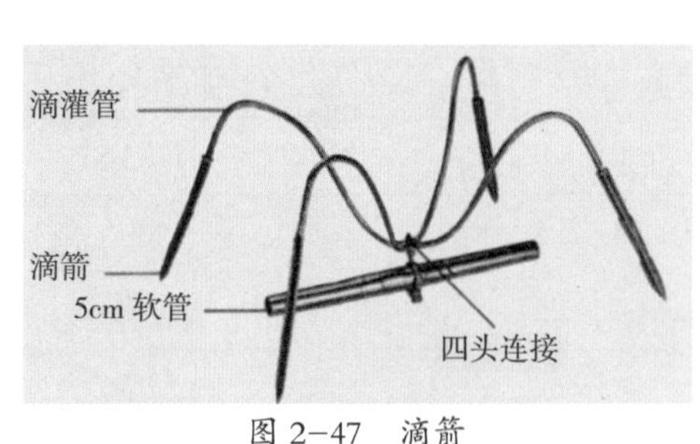

图 2-47 滴箭

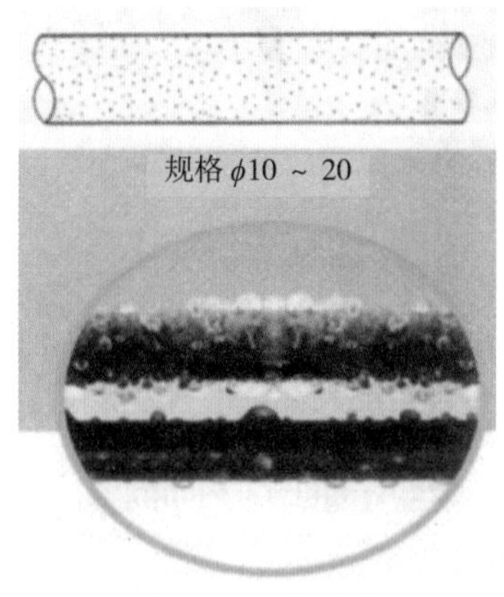

图 2-48 渗灌管

4. 浸灌器

浸灌器是我国科技人员新发明的节水新产品，该技术是借鉴了油灯芯“浸润”的道理而发明的。该技术还处在研制开发阶段，在盆栽花卉和沙荒地植树灌溉有着广阔的应用前景。

六、常用微灌设备价格

部分常用微灌设备价格见表 2-27。

表 2-27　常见微喷灌滴灌设备价格

序号	名称	单位	批发价 / 元	零售价 / 元
1	旋转式微喷头	个	2.2	3.8
2	折射式雾化喷头	个	2.2	3.8
3	四出口雾化喷头	个	3.8	5.7
4	防滴器	个	3	4.5
5	四头滴管	套	3	4
6	迷宫式滴灌带 $\phi16$	m	0.38	0.75
7	内镶式滴灌带 $\phi16$	m	0.55	0.75
8	孔式微喷带 $\phi25$	m	0.3	0.48

第三章 葡萄设施栽培节水灌溉

第一节 葡萄设施栽培类型和方式

葡萄为葡萄科藤本植物，是一种栽培价值很高的果树，以其色美、气香、味可口的优点，被人们视为珍果，被列为世界四大水果之首。它不但营养丰富、食用方便、用途广泛，而且生长快、结果早、效益高、更新容易，还具有很好的观赏性。随着社会经济的快速发展，人们生活水平的不断提高，葡萄的市场前景越来越广阔。

浙江省栽培葡萄具有生长季节长、成熟早、冬季不需要埋土等优势，但也存在着雨水偏多，空气湿度大，病害容易发生等不利因素。因此，在浙江等多雨地区，采用避雨栽培或温室大棚栽培，可明显减轻或改善因多雨高湿而引发的病虫害、裂果、花芽分化差及品质低劣等缺陷，从而大大提高葡萄的品质、产量和效益。近年，随着设施栽培技术不断完善、资金投入日益充裕、栽培效益日趋提高，葡萄设施栽培发展势头越来越猛。设施栽培类型和方式主要有。

一、设施栽培类型

1. 避雨栽培

避雨栽培是早春萌芽前或开花前对葡萄架面顶部实行塑料薄膜覆盖，避免雨水直接接触葡萄叶面和花果，采收后撤膜转为露地栽培或常年覆盖的栽培方式。这种栽培方式一般可比露地栽培提早成熟 3 ~ 5 天（图 3-1）。

图 3-1 葡萄避雨栽培

2. 保温促成栽培

保温促成栽培是利用大棚或联栋大棚在早春（1—2 月）覆膜封闭保温（有的用双膜甚至三层

膜）、催芽促花，随气温上升，撤去内膜和裙膜，至采收后撤去顶膜转为露地栽培，或采收后也不除去顶膜的栽培方式。这种栽培方式一般可比露地栽培提早成熟 10 ~ 20 天（图 3-2）。

图 3-2 葡萄促成栽培

二、设施栽培方式

1. 单行小棚栽培:

单行小棚栽培是行距2.6 ~ 2.8m，株距 1 ~ 1.5m，每一行葡萄搭建一小拱棚进行避雨栽培（图 3-3），或者在小棚间加用塑膜，互联成联体的小棚行保温促成栽培（图 3-4）。它具有投资低、效益高等优点，浙江省的嘉兴、杭州地区多数为此类型。采用 V 形或 Y 形篱架（图 3-5）。

图 3-3 葡萄单行避雨棚栽培

图 3-4 葡萄避雨棚变保温栽培

图 3-5 葡萄单行小棚避雨栽培 + 保温栽培 +Y 形篱架

2. 单栋大棚栽培

单栋大棚栽培是棚宽 6 ~ 8m，篱架 2 ~ 3 行，采用 V 形或 Y 形篱架整形或采用龙干型整形的栽培方式（图 3-6）。

图 3-6　葡萄单栋大棚栽培

3. 联栋大棚栽培

联栋大棚栽培是棚顶高 4m 以上，肩高 2.2m，每单棚宽为 5 ~ 6m，长 30 ~ 50m，单棚间互联接成 3 ~ 5 联栋，甚至 1 ~ 5 亩的栽培方式（图 3-7）。棚内主要设置水平棚架，龙干整形，上虞、慈溪多为此类型。本类型优点是：树势缓和，土壤水分稳定，裂果轻。目前也越来越多的采用 V 形或 Y 形篱架。

图 3-7　葡萄联栋大棚栽培

第二节　葡萄设施栽培微灌技术应用

一、葡萄需水特性及关键灌水期

葡萄需要较湿润的土壤湿度和较干燥的空气湿度。如土壤中水分充足，则葡萄发芽整齐，新梢生长迅速，浆果果粒大。但土壤中水分过多，会使植株徒长，组织疏松脆弱，抗性较差，同时还会引起土壤缺氧，根系吸收功能下降，甚至窒息死亡的现象。如土壤缺水，空气干燥，则会引起枝叶生长量减少，易导致落花落果，影响果实膨大，产量、品质下降。空气湿度过大，会引发各种葡萄病害，也会引起落花落果，造成产量、品质下降。如花期遇连续阴雨或天气潮湿，则会阻碍正常开花和授粉、受精，引起子房或幼果脱落。葡萄成熟期雨水过多或阴雨连绵，会引起葡萄糖分降低、病害滋生，烂果裂果，对葡萄品质影响尤为严重。

采用大棚覆盖避雨或大棚促成栽培后，土壤得不到天然雨水的滋润，土壤湿度基本靠灌溉来保障，所以根据葡萄生长发育对土壤湿度的要求，需保持根际80cm深度土壤湿润。一般大棚覆盖前7天左右灌溉一次透水，以促进萌芽整齐有力；萌芽后灌溉一次中量水，保持相对水量80%左右以保持土壤湿润；花前7天左右灌溉一次小水，保持相对含水量70%左右；坐果后灌溉一次大水；果实生长期，隔10—15天灌溉一次小水或中水，保持相对含水量70% ~ 80%以保证果实生长和枝梢生长所需的水分。果实软化期，灌溉一次大水，保持相对含水量约80%以保证果粒增大所需水分。采前14天停止灌水，以保证葡萄果实有良好的品质。设施栽培葡萄各生育期0 ~ 80cm土层湿度和大棚内空气湿度管理要求见表3-1。

表3-1　　葡萄设施栽培各生育期土壤湿度和空气湿度管理要求

葡萄生育期	土壤相对含水量	空气湿度
萌芽至花序伸出期	75% ~ 85%	65% ~ 85%
花序伸出后	70% ~ 80%	60% ~ 70%
开花至坐果期	70% ~ 75%	55% ~ 65%
坐果后	70% ~ 80%	75% ~ 80%
果实成熟期	65% ~ 75%	60% ~ 70%

二、葡萄设施栽培节水灌溉主要模式

1. 避雨棚 + 滴灌

避雨棚 + 滴灌模式是以畦为单位，一畦栽植一行葡萄，在每畦葡萄架上方搭建拱形避雨棚，在每一畦的畦面安装滴灌设施，灌水器可以用滴管带或滴灌管（图3-8）。

避雨棚的骨架可以不单独搭建，直接利用葡萄架的骨架即可；在葡萄架的骨架上用竹片或钢丝架设拱棚，拱宽同畦宽，然后在拱棚上覆盖薄膜即可；且薄膜覆盖时间不是太长，膜揭下后还可以再利用。

该模式一般在葡萄开花前进行覆膜，采摘后将膜揭去。覆膜前和揭膜后在多雨地区一般不需灌溉；覆膜后，避雨棚之间的间隙与畦沟对应，下雨时避雨棚上的雨水集中滴入沟内，部分渗入土中起到灌溉作用，可节约一定量的灌溉用水。

只有当雨水较少或干旱时才进行灌溉。一般只要在葡萄萌芽前、萌芽后、开花前、坐果后及膨大期至成熟期前等关键灌水期灌溉 6 ~ 8 次水即可。每次灌溉 5~8m^3/ 亩，一般年灌溉量约为 30 ~ 64m^3/ 亩。

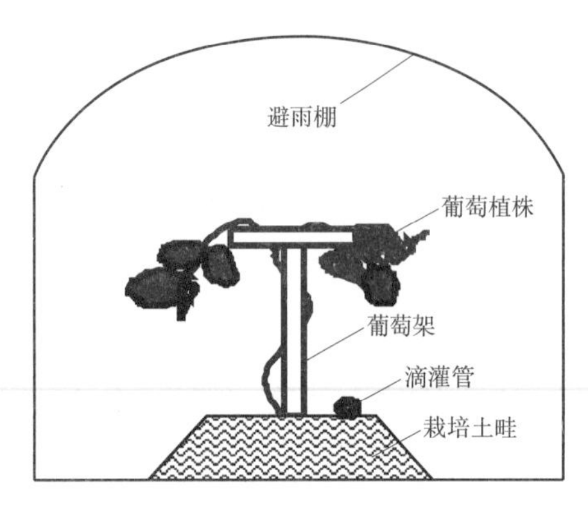

图 3-8　葡萄避雨栽培 + 滴灌

2. 联栋大棚 + 膜下滴灌

这种模式采用联栋大棚对葡萄实行整棚覆盖，并利用棚面收集雨水，然后采用滴灌的方式进行灌溉，并在地面覆盖地膜，将滴灌带或滴灌管盖在地膜下，故称联栋大棚 + 膜下滴灌（图 3-9）。

该模式一般年灌溉 20 次左右，其中萌芽前 7 天至采果前 14 天灌溉 12 ~ 15 次，每次灌溉量 4 ~ 6m^3/ 亩。采果后不揭去顶膜的栽培模式，采果后至萌芽前还需灌溉 6 ~ 8 次，每次灌溉量约为 4 ~ 6 m^3/ 亩，一般年灌溉量约为 100 ~ 120m^3/ 亩。若为采果后揭去顶膜的栽培模式，可视天气降雨情况酌情减少灌溉次数和灌溉量，若栽培地为地下水位较高的平原河网地区，可适当减少年灌溉次数或灌溉量。

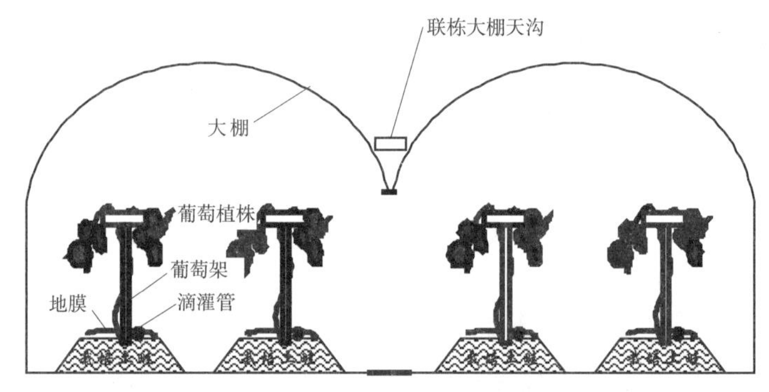

示意图

图 3-9　葡萄联栋大棚 + 膜下滴灌

该模式一般采用龙干型整形，也可实行篱架式栽培，采用 V 形或 Y 形整形。

3. 单体大棚 + 膜下滴灌

单体大棚 + 膜下滴灌模式是采用 6 ～ 8m 宽、30 ～ 60m 长的单体大棚实行保温促成栽培，为提高保温效果，通常在大棚内加设 1 ～ 2 层内膜，并实行地膜覆盖；而在地膜下面铺设滴灌管或滴灌带进行滴灌（图 3-10）。

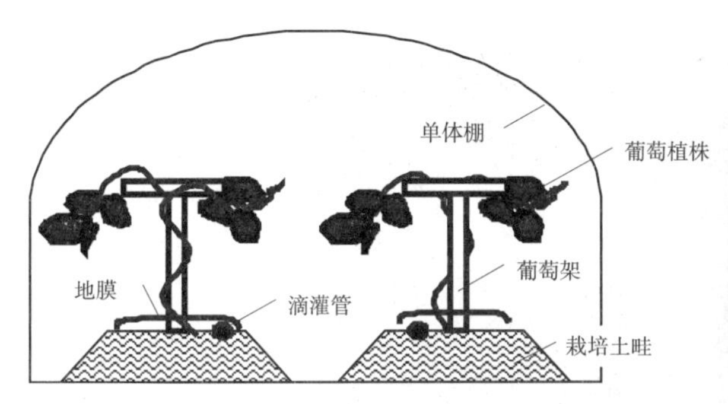

图 3-10　单体大棚 + 膜下滴灌

单体棚一般采用篱架式栽培，一方面便于加内膜提高早期棚温，促进早熟，另一方面容易修剪，容易更新，容易管理，疏果套袋方便省工，并且果穗大小均匀，品质好。

这种方式由于下雨时棚与棚之间的间隙有雨水渗入，在同等土壤性质的环境下可比“2”减少灌溉次数。一般采果后揭去顶膜的栽培模式年灌溉 10 ～ 15 次，每次灌溉量约为 4 ～ 6m^3/ 亩，年灌溉量约为 60 ～ 90m^3/ 亩。

4. 联栋大棚 + 滴灌

联栋大棚 + 滴灌模式是宽 5 ～ 6m，长 30 ～ 50m 的单棚间互相连接成 3 ～ 5 联栋，甚至 3 ～ 5 亩，花期前进行覆盖地膜，采后揭去。棚内覆盖期间和不覆膜少雨期间采用滴灌系统进行灌溉，一般年灌溉 12 ～ 16 次。每次灌溉量约为 4 ～ 6m^3/ 亩，年灌溉量约为 80 ～ 100m^3/ 亩。若采后不揭去顶膜，则一般灌溉次数为 20 次左右，年灌溉量为 100 ～ 120m^3/ 亩。该模式棚内多数采用棚架栽培，龙干整形。近年来也越来越多的采用 V 形或 Y 形整形的篱架（图 3-11）。

以上模式的灌溉设施安装和灌水器选择可以参照第二章及第十章。滴灌管或滴灌带的滴孔间距以 20 ～ 30cm 为宜，流量以 2.6 ～ 3.2L/h 为宜，其中黏性较重的可选择流量大些的，砂性较重的砂壤土宜选择流量小些、滴孔间距也小些的。

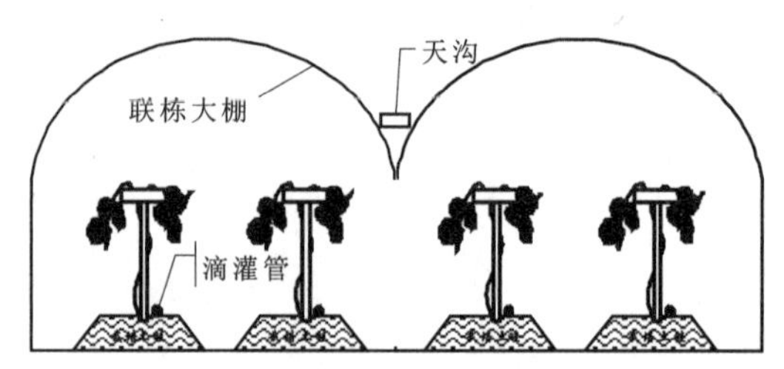

示意图

图 3-11　联栋避雨 + 滴灌

三、葡萄节水灌溉施肥技术

（一）施肥技术

结合葡萄生长物候期，在下列期间灌水时可以同时进行施肥，即实行肥水同灌或肥水一体化管理。

1. 基肥

10—12 月，每亩施用优质腐熟有机肥 2500 ~ 3000kg 加磷酸二胺 20kg，撒在温室土壤表面后，深翻入土或在距葡萄根部 40 ~ 50cm 处，开沟或挖坑施入，施后即行灌溉，或同期采用含有同等营养元素的有机液态肥及无机液肥结合灌溉分次随滴灌施入。

2. 催芽肥

萌芽前 10 天左右，每亩用磷酸二胺 20kg 加尿素 10kg，最好结合滴灌施入；或在距葡萄根部 40 ~ 50cm 处，开浅沟施入。

3. 果实膨大肥

果实膨大期左右进行，用量为每亩施氮、磷、钾复合肥 20kg 或施磷酸二胺 10kg、硫酸钾 10kg，最好结合滴灌施入。

4. 果实成熟肥

在有色葡萄开始着色，无色葡萄开始变软时进行，用量为每亩施磷酸二胺10kg加硫酸钾20kg，结合滴灌施入。

5. 采后肥

设施葡萄采收早，采后生长期长，应加强管理，可每亩施用氮、磷、钾复合肥25kg，结合滴灌施入，或在葡萄行两侧开小沟施入或撒在土壤表面后浅翻入土，施后即行灌溉。

6. 叶面肥

在葡萄开花前喷洒0.1% ~ 0.3%的硼肥，在生长期根据葡萄生长情况喷洒0.2% ~ 0.3%的磷酸二氢钾3 ~ 5次。

（二）施肥方法和系统维护

采用肥水一体化施肥时，尽可能使用养分含量相当的液体肥料或滴灌专用肥，如为固体肥料。宜先将肥料溶于水，并充分搅拌溶化后静置一段时间，再过滤后注入施肥灌。

肥水一体化施肥一般在灌水30min后进行加肥，压差式施肥宜在灌水40~60min时加肥，以防施肥不匀或不足。每次施肥结束后，应继续滴灌20~30min，以冲洗管道。

肥水同施3~5次后，要将滴灌末端打开进行冲洗。系统运行一个生长季后，应打开过滤器下部的排污阀排污，清洗过滤网，以保持滴灌系统良好运行。

第四章　草莓设施栽培节水灌溉

第一节　草莓设施栽培类型

草莓属蔷薇科，草莓属，是多年生常绿草本植物，果实为浆果，食用方便、色泽艳丽、香气宜人、汁多肉软、酸甜可口、营养丰富，除含有糖、酸、蛋白质外，还含有丰富的维生素和磷、钙、铁等矿物质，尤其是维生素 C 含量最高，具有抗癌、美容养颜等作用。被誉为“水果皇后”，深受消费者喜爱，除鲜销外，还可速冻，或加工成果酱、果汁等销售，市场需求很大。

草莓因其植株矮小、适应性强、结果早、生长周期短、生长发育易于控制、繁殖迅速、管理方便、成本较低、见效快、效益高等特点，非常适合设施栽培。

采用大棚设施栽培后，草莓成熟期可以从第二年的 4 月中下旬提前至当年的 11 月底，并且可以一直采收到第二年 5—6 月，大大延长了果品的应市期（图 4-1）。

（a）草莓露地栽培

（b）草莓大棚栽培

图 4-1　草莓栽培

草莓设施栽培一般亩产量可达 1500kg 左右，价格在 6 ~ 60 元 /kg 不等，纯收入在 8000~30000 元 / 亩。如浙江省草莓主产区建德市 2009 年在本地种植草莓 2.03 万亩、产量达 2.93 万 t，产值 2.04 亿元；2010 年随着红颊草莓等良种的推广（红颊栽培面积达 80%），平均亩产值高达 2 万元 / 亩以上（图 4-2）。2012 年杭州市草莓设施栽培面积达 2.71 万亩，产量 3.85 万 t，产值 6.28 亿元。

图 4-2　建德草莓设施栽培基地

草莓设施栽培的主要类型如下。

一、促成栽培

促成栽培是指提前促进花芽形成，并在草莓进入休眠前或休眠初期进行保温，阻止草莓休眠，使其连续生长、开花结果，以期实现提早收获的一种栽培方式（图 4-3）。

（a）草莓大棚促成栽培

（b）联栋大棚草莓立体栽培

图 4-3　草莓促成栽培

促成栽培设施主要采用钢管大棚，跨度 6~8 m，长度 30~50 m，顶高 2.5~3.0 m，肩高 1.5~2.0m；有的为节省投资也采用钢竹混装式大棚；近年也逐步有采用联栋大棚或大型单体大棚进行促成栽培的，为了更好利用大型棚空间，还有尝试采用立体栽培、基质盆栽及其加温促成栽培的，并都取得了较为理想的效果。特别是立体栽培、基质盆栽等不但提高了产量、品质，避免了连作障碍，还提高了草莓的观赏价值，拓宽了销售形式和消费群体，进一步提高了经济效益、生态效益及社会效益。

促成栽培是以早熟、优质、高效为主要栽培目的，成熟特早，收获期长。浙江地区一般9月上中旬定植，10月中下旬进行覆地膜，10月下旬至11月上旬扣棚，早的11月下旬即可上市，第一茬果采摘期主要在12月至次年2月，第二、第三茬果采摘期主要在3—5月。目前适于促成栽培的品种主要有丰香、红颊、章姬、佐贺清香等（图4-4 ~图4-7）。

图4-4　红颊草莓

（a）章姬草莓结果状

（b）章姬草莓果实

图4-5　章姬草莓

图4-6　丰香草莓

图 4-7　佐贺清香草莓

二、半促成栽培

半促成栽培是在草莓花芽分化后，使其在秋、冬季自然低温条件下满足低温要求，基本通过休眠期，再进行加温保温，或采取其他措施，如高温、电照、赤霉素处理等打破生理休眠，使其正常开花结果，提前收获的栽培方式。草莓成熟期比露地栽培早，但比促成栽培迟，一般采果期在2—4月。品种选择上宜选择休眠较深、品质优、果形大、耐贮运的品种。

半促成栽培多数采用钢管大棚或竹木结构塑料大棚栽培，跨度5.8~6.0m，长30m左右，顶高2.0~2.2m，大棚提倡南北向搭建。

第二节　草莓设施栽培微灌技术应用

一、草莓需水特性及关键灌水期

草莓属浅根系作物，叶片多，蒸腾量大，既不抗旱，也不耐涝，在整个生育期中既需要较湿润的土壤水分，又要保持良好的土壤通气性，同时，需要的空气湿度又相对较低。特别是草莓开花结果批次多，时间长，数量大，需水量也较大，生育期间需要有相对充足的水分供应。若土壤缺水，会引起根系生长受阻，加剧老化，吸收能力减弱，干枯死亡。果实生长期缺水会引起果实小，品质差，果面暗淡无光泽。土壤严重过湿时，通气性差，根系功能衰弱，易感根腐病等疾病而死亡。

根据在杭州市乔司无公害蔬菜基地开展的试验研究表明，设施栽培滴灌条件下草莓（品种：丰香）全生育期需水量约200mm，日均需水量1.03mm/天，需水高峰期集中在花芽分化期和开花结果期。草莓设施栽培关键时期适宜的土壤相对含水量和空气湿度详见表4-1。

表4-1　草莓设施栽培关键期适宜的土壤相对含水量和空气湿度

时期	土壤相对含水量	空气湿度
开花期	70% ~ 80%	45% ~ 55%
果实膨大期	80% ~ 90%	60% ~ 70%
果实成熟期	60% ~ 70%	50% ~ 60%

二、草莓设施栽培节水灌溉主要模式

根据草莓的生长发育特性、设施栽培特点及需水特性，宜选用的设施栽培节水灌溉模式主要有以下几种。

1. 大棚促成栽培＋膜下滴灌

大棚促成栽培＋膜下滴灌模式为大棚促成栽培，一般大棚跨度6 ~ 8m，每棚种植5 ~ 8畦，畦底宽70cm，沟底宽30cm左右，沟深30 ~ 40cm，每畦种植2行，株距20cm左右，每畦布置一根滴灌管或滴灌带，滴孔间距20cm（图4-8）。草莓滴灌布置示意图如图4-9所示。

图4-8　大棚促成栽培＋膜下滴灌

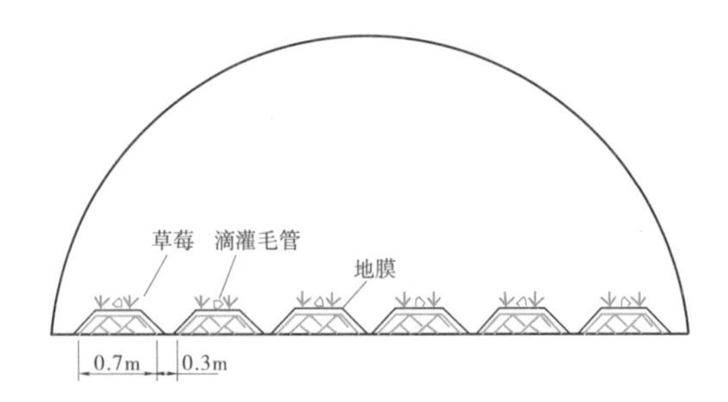

图4-9　草莓大棚促成栽培＋膜下滴灌示意图

该模式通常 9 月上中旬定植，定植后即进行地面滴灌，定植成活后覆盖地膜。刚定植至成活前，1~2 天滴灌一次，花期 10~15 天滴灌一次，其他时间每 7~10 天滴灌一次，每次灌水量为 4~8 m^3/ 亩。

该灌溉模式能保持土壤湿润，降低大棚空气湿度，提高果实品质，节水节工节能和增产增收明显。

从建德等草莓主产区调查发现，采用滴灌 + 地膜覆盖的灌溉方式，不但可以提高产量和品质，还可以大大减轻病害的发生以及病害防治的次数。在草莓整个生育期采用滴灌的灌溉用水量仅占沟灌的 1/3，产量比沟灌增加 20% 左右，产值比沟灌增加 49.6%。

2. 大棚促成栽培 + 微喷 + 膜下滴灌

该模式是在模式 1 的基础上，加配微喷系统，即在每个大棚（跨度 6 ~ 8m）的顶部安装 2 行倒挂式微喷头，定植时采用倒挂式微喷进行灌溉，喷头宜选用折射式或离心式微喷头，性能见第二章。等开花前再覆盖地膜并改用膜下滴灌。微喷 + 膜下滴灌是近年开发应用的灌溉方式（图 4-10），其安装方式示意图如图 4-11 所示。主要是定植至开花前期用微喷，以提高定植成活率。覆盖地膜后采用膜下滴灌。

定植后 1 周内每天微喷 1 ~ 2 次，每次微喷 2 ~ 4m^3/ 亩；成活后至覆盖地膜前每 3 ~ 5 天微喷 1 次；覆盖地膜后转为滴灌，滴灌间隔期和每次滴灌量可参照模式 1。

图 4-10 草莓大棚促成栽培 + 微喷 + 膜下滴灌

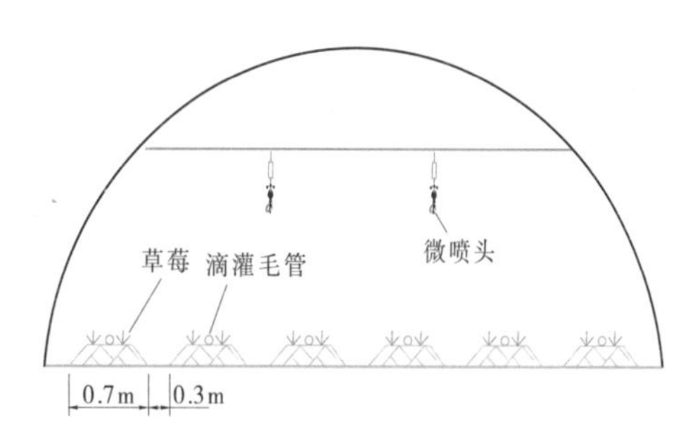

图 4-11 大棚促成栽培 + 微喷 + 膜下滴灌示意图

该模式与模式 1 相比，还具有以下优点。

（1）提高草莓的栽植成活率。定植初期，气温高，叶片水分蒸发量大，而根系吸水能力弱，采用微喷：一则可以降低气温、减少叶面蒸发；二则可以通过叶面吸收水分，补充根系吸水之不足。所以对根系相对不太发达、栽植成活率较低的红颊等优质品种，效益尤为明显。如在红颊草莓上应用，能基本保证移栽成活率达 95%，而不使用微喷的移栽成活率仅 75% 左右。

（2）提前定植和上市。采用微喷有利于降低定植时的空气温度，可使定植时间适当提前，从而提早上市；植株生长均匀旺盛、果大而色泽艳丽、口感好，品质、产量和效益都高。

（3）成本略增。因为微喷+滴灌比纯滴灌加了微喷系统，投资较大，但优势和效果十分明显。

3. 促成栽培+微喷水带+地膜覆盖

在模式2的基础上为节约成本可以采用微喷水带代替滴灌管或滴灌带，并起到微喷水带代替微喷头实行微喷的效果，省去了微喷系统的投资，即将模式1的滴灌管或滴管带改用微喷水带，定植期不覆地膜，喷水孔朝上，增加管压使之成为微喷，到覆盖地膜后又变成微滴（图4-12）。其灌溉间隔期和灌溉量参考模式2。

这一模式具有上述模式2的基本优点外，还大大节约了灌溉设施的成本，简单易行，值得推广。

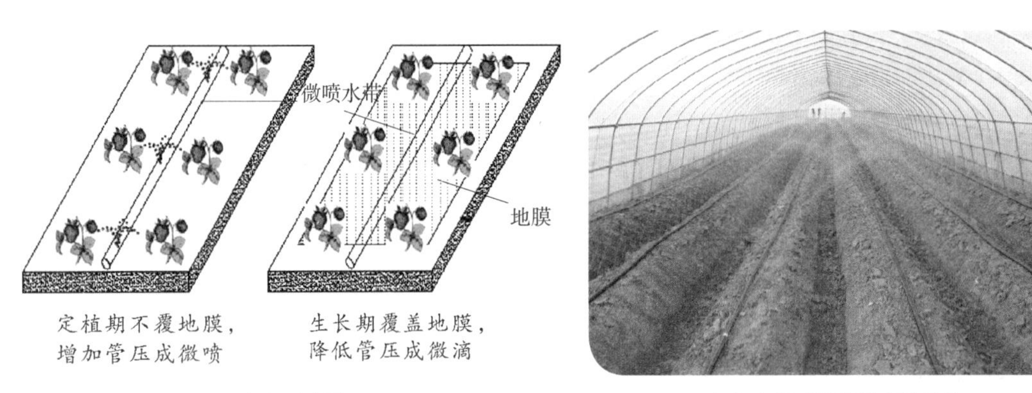

（a）示意图　　（b）定值时滴水带成微喷状

图4-12　促成栽培+微喷水带+地膜覆盖

4. 联栋大棚+立体栽培+基质盆栽+滴箭滴灌

联栋大棚+立体栽培+基质盆栽+滴箭滴灌模式是在联栋温室里采用基质盆栽的立体栽培形式，灌溉方式采用滴箭滴灌（图4-13）。

图4-13　联栋大棚+立体栽培+基质盆栽+滴箭

该模式是一种较为先进的栽培模式，联栋大棚和加温、保温等系统对环境的调控能力较强，使草莓生长发育的小环境较为适宜和稳定。特别是采用基质栽培，根部的通气保水性能都较好，加上滴箭灌溉，可以达到适时适量，以保持草莓生长所适宜的土壤湿度和空气湿度。

该模式主要的缺点是采用盆栽后不易实行地膜覆盖，容易造成棚内环境湿度相对较高，需要通过通风系统进行排湿。当然也可以采用单盆或每个平面进行覆盖，但比较费工。如采用地膜覆盖，定植后1周内，每1~2天滴灌1次，花期每15天左右灌溉1次。共余时间每10天左右滴灌1次，每次灌溉量6~10m^3/亩。如未覆盖地膜应适当增加灌溉次数，灌溉次数和灌溉量可比模式1略少。

5. 半促成栽培+膜下滴灌

该模式为定植后即采用滴灌并覆盖地膜的方式。

采用该模式也能有效保证草莓既需要湿润的土壤，又需要良好的土壤通气及较低的空气湿度，可以做到按需灌溉，并随时保持适宜的土壤湿度和空气湿度，使得比沟灌更能获得较高的产量和较好的草莓品质及较轻的病虫害，获得更安全的果品和更清洁的环境。

草莓灌溉系统设施的选择和安装详见第二章及第十章

三、草莓节水灌溉施肥技术

1. 草莓的营养特性

草莓的良好生长不仅要有一定数量的氮、磷、钾大量元素，而且也要有一定量的钙、镁、硫等中量元素和微量元素，各种元素要保持平衡施入。一般每生产1000kg鲜草莓，需吸收氮（N）3.3kg、磷（P_2O_5）1.4kg、钾（K_2O）4kg。N ∶ P_2O_5 ∶ K_2O的含量的比例是1 ∶ 0.42 ∶ 1.2，即需要的钾比氮要多，切不可施用氮肥过多，并且草莓对氯非常敏感，要严格控制含氯化肥的施用。这些是保证草莓质量的重要措施。

2. 施肥技术

草莓定植后，生长加快，对无机营养的要求提高，所以要施足基肥。每亩可施腐熟厩肥5000kg左右、饼肥50~70kg。地膜覆盖后结合滴灌进行追肥，追肥重点是始花期、果实膨大期和采收期，以氮、磷、钾三元复合肥为主，每个时期每亩施10~15 kg；可结合滴灌分次施入。着果期可用0.2 %硼砂和0.3%~0.5%磷酸二氢钾液进行根外追肥，以促进授粉，提高着果率和增加优质果比例，在生长中后期可根据需要叶面喷施0.2%~0.3%磷酸二氢钾或0.5%尿素或其他叶面肥2~3次，特别在顶花序果实采收后的植株恢复期和腋花序果实开始的采收期注意施用，可明显提高产量和品质。

采用滴灌实行肥水同灌时宜分次施入，肥料种类也可选择肥效相当的滴灌专用肥或水溶性肥料及液态肥。施肥方法和滴灌系统维护可参照葡萄施肥技术。

第五章　西瓜设施栽培节水灌溉

第一节　西瓜设施栽培类型

西瓜是葫芦科西瓜属一年生蔓性草本植物，因具有生育期短、收获快、效益高、市场需求量大、栽培灵活等特点，西瓜设施栽培的面积迅速扩大，已成为各地农业特色优势产业之一。且适于设施高效栽培的品种不断出现，技术不断完善，效益不断提高，类型也日趋增多。目前适于推广的西瓜设施栽培类型主要如下。

一、大棚西瓜搭架栽培

西瓜实行大棚内搭架方式进行栽培，西瓜藤蔓沿架垂直向上生长，瓜也垂挂在架上生长，大棚西瓜搭架栽培是完全不同于传统爬地栽培的新型栽培方式。一般采用标准型钢架大棚或提高型钢架大棚栽培，棚内每畦搭一X形支架，架高170cm左右；也可以直接用牵引绳将枝蔓引绑向上（图5-1）。

图5-1　西瓜搭架栽培

该模式具有栽植密度高（为爬地栽培的2 ~ 3倍）、品质佳、产量高、成熟早、效益好等优点，但也相对提高了搭架的材料费用和管理工本费。

大棚春季搭架栽培宜选择生育期短、成熟早、品质优、耐低温、抗性强、小或中果型的早、中熟品种，如小果型的小兰、早春红玉、拿比特、春光等，中果型的卫星2号、早佳（又名8424）、秀芳（8424改良型）等。通常以选择皮薄肉嫩，固形物含量高，口感好的小果型品种居多。

二、大棚西瓜（爬地）栽培

大棚西瓜（爬地，下略）栽培是相对于搭架栽培而言的，主要区别于搭架栽培的方式是瓜蔓平铺地上生长，瓜果也“卧地”而长（图 5-2）。大棚西瓜栽培主要有早春提早促成栽培和秋季延后栽培。

图 5-2　大棚西瓜（爬地）栽培

该模式相比搭架栽培栽植密度小，品种选择范围大，对设施类型要求较低，大、中、小棚均可以适用，也可以大棚套中棚或中棚套小棚（图 5-2），实现更早熟栽培，加上延后栽培，应市期大大延长，无需搭架架材，相对省工省本。

一般春季促成栽培宜选择生育期短、成熟早、品质优、耐低温、抗性强、果型中等的早、中熟品种，如卫星 2 号、早佳、秀芳等，也有用小果型的小兰、早春红玉、拿比特等早熟品种。秋季延后栽培主要选择耐高温、抗性强、产量高、品质优、果型较大的中、晚熟品种，如新澄一号、西农八号、新红宝等。

第二节　西瓜设施栽培微灌技术应用

一、西瓜需水特性及关键灌水期

西瓜根系发达，具有一定的耐旱性，但由于生长旺盛，叶面积大，蒸腾量大，果实含水量高，产量高，故需水量也较大，但不同生育期需水量不同，且坐瓜后有两个易裂瓜期。因此，灌溉上应特别注意。西瓜不同生长发育时期对水分要求分别表现如下。

1. 发芽期

发芽期要求水分充足，保持土壤湿润，一般以保持土壤相对含水量 70%~80%

为宜。

2. 幼苗期

西瓜幼苗期需水量较少，水分不宜太多，适当干旱可促根系扩展，增强抗旱能力，一般采取控水蹲苗的措施，以促进根系下扎和健壮，减轻病害。土壤湿润层深度为 20cm，以土壤相对含水量 65% 左右为宜。

3. 伸蔓期

西瓜伸蔓期水分管理应掌握促控结合的原则，保持土壤见干见湿。

前期：适当增加水分，可促进发棵和茎叶生长。土壤湿润层深度为 40cm。以土壤相对含水量 70% 左右为宜。

后期：适当控水，可防止植株徒长和化瓜。

4. 结果期

坐果期要严格控水，适当干旱有利于坐果，湿度太大，坐瓜困难且易导致病害蔓延。西瓜进入开花结瓜期后，对水分较敏感，如果此期水分供应不足，则雌花子房较小，发育不良；如果供水过多，又易造成茎蔓旺长，同样对坐瓜不利。因此，此期应以保持土壤湿润，以土壤相对含水量 75% 左右为宜。当西瓜鹅蛋大小时易裂瓜，要注意避免灌水。

5. 膨瓜期

西瓜膨瓜期是需水关键时期，也是需水高峰期，应供水充足，以保证果实膨大所需。土壤湿润层深度应达 70cm 左右，以土壤相对含水量 80% 左右为宜。

6. 成熟期

此期不宜灌水，要求停水。如这时土壤水分过多，不但会引起成熟期延迟、果实糖度低、品质下降，还易引起裂瓜。以土壤相对含水量 55% ~ 60% 为宜。

由于西瓜相对较耐旱，全生育期空气相对湿度以控制在 50% ~ 60% 为宜。

二、西瓜设施栽培节水灌溉主要模式

1. 大棚搭架栽培 + 滴灌 + 地膜覆盖

大棚搭架栽培 + 滴灌 + 地膜覆盖模式采用大棚搭架春季促成栽培形式，棚宽 6~8m，肩高 1.8~3.2m，每棚整成 5~6 畦，并每畦铺设一根滴灌管或滴灌带，滴孔间距 20~30cm，流量以 2.4~3.2L/h 为宜。定植后即铺设地膜，实行膜下滴灌，整个生育期灌溉 10~15 次，每次 6~8m^3/亩，总灌溉量 80~120m^3/亩。该模式示意图如图 5-3 所示。

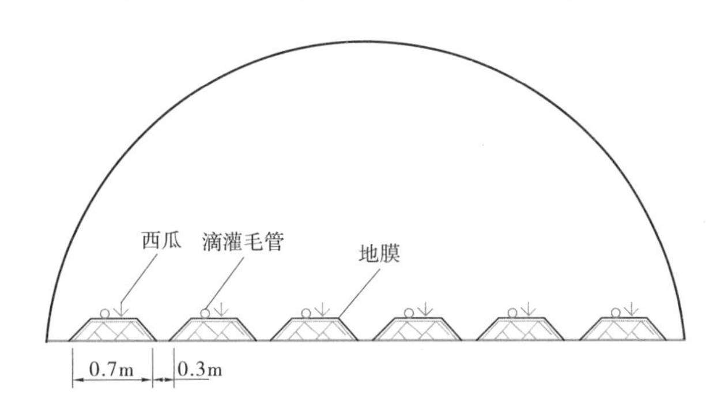

图 5-3　西瓜大棚搭架栽培 + 滴灌 + 地膜覆盖示意图

该灌溉模式的特点如下。

（1）灌水均匀、灌溉效果好。该灌溉模式由于灌溉毛管布置较密，滴孔间距小，灌水均匀，加上地膜覆盖，蒸发失水减少，节水灌溉效果好。

（2）空气湿度较小，病害少。搭架栽培后，棚内空气流动受阻，湿度相对较大，但采用地膜覆盖后，可以有效降低空气湿度，减少病害的发生。

（3）裂果减轻，品质提高。由于灌水均匀，避免了忽干忽湿，减轻了裂果等生理病害的发生，提高了品质。

（4）灌溉设施成本略高。毛管密度增加，相对增加了部分成本。

2. 早春促成栽培 + 滴灌 + 地膜覆盖

早春促成栽培 + 滴灌 + 地膜覆盖模式采用大棚或中棚促成栽培为主要形式，棚宽 4 ~ 8m，以棚内中心线为准开沟作畦，做成两畦，每畦种植一行。需要时棚内还可以加设中棚或小拱棚，在定植行 20 ~ 30cm 处铺设 1 条滴灌管或滴管带，滴孔间距 20 ~ 30cm，流量为以 2.4 ~ 3.2L/h 为宜。定植后即铺设地膜，实行膜下滴灌；气温较低或需要更好促成提早成熟时，棚内还可以加设中棚或小拱棚。整个生育期灌溉 10 ~ 15 次，每次 5 ~ 8m^3/ 亩，总灌溉量 60 ~ 100 m^3/ 亩。该模式示意图如图 5-4 所示。

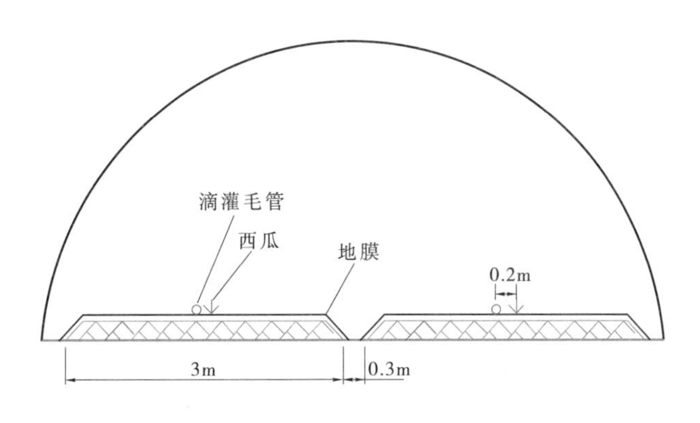

图 5-4　西瓜爬地栽培 + 滴灌 + 地膜覆盖示意图

该灌溉模式的主要特点如下：

（1）灌水量少、空气湿度小。该灌溉模式由于灌溉毛管布置较疏，单位面积灌溉量少，加上地膜覆盖，蒸发失水减少，空气湿度小，满足西瓜喜土壤湿润，空气相对较干燥的生理特点。

（2）果面不直接接触泥土，品质提高。采用地膜覆盖后，使得果面不直接接触土壤，瓜面干净，光照较好，提高了果实品质。

（3）灌溉设施成本略低。毛管布置较疏，相对减轻了滴灌管的部分成本。

3. 延后栽培 + 微喷水带 + 地膜覆盖

延后栽培 + 微喷水带 + 地膜覆盖模式栽培与模式 2 相似，只是定植期较迟气温较高，故采用在定植行 20 ~ 30cm 处铺设 1 条微喷水带，定植期采用加压微喷灌溉，成活后覆盖地膜变成膜下滴灌。整个生育期灌溉 8 ~ 12 次，每次 5 ~ 8m^3/亩，总灌溉量 60 ~ 80 m^3/亩。定植前期棚膜可以采用遮阳网代替塑膜，以降低棚内温度；等到气温较低时，再覆盖棚膜。灌溉系统安装示意图如同模式 2，将滴灌管改为微喷水带即可。

该灌溉模式的特点：

（1）提高了成活率，缩短了缓苗期。由于该模式定植时气温较高，采用微喷水带进行微喷灌溉有利于降低棚内气温，增加叶面水分补充，提高秧苗成活率，缩短缓苗期，拓宽适栽期。

（2）减轻了灌溉设施成本。由于用微喷水带代替了滴灌管或滴灌带，减轻了灌溉设施的成本。

（3）不宜堵塞，使用方便。水带不易堵塞，相对减轻了对水质过滤的强度，使用方便。

三、西瓜节水灌溉施肥技术

1. 西瓜的营养特性

西瓜在整个生育期内，吸钾量最多，氮次之，磷最少。一般每生产 1000kg 西瓜果实，需要吸收氮（N）3.5kg、磷（P_2O_5）1.1kg、钾（K_2O）6.5kg。总的需肥特点是：幼苗期吸收养分较少，仅占总吸收量的 1%；伸蔓期生长速度加快，生长量增加，约占总吸收量的 15%；结瓜期生长量最大，吸收量约占 84%。在幼苗至开花期，植株吸收氮最多，其次是钾；而在结瓜期，植株吸收钾最多，氮次之。因此，开花结瓜前以氮肥为主，结瓜期注意磷钾肥的施用，对增加产量、改善品质尤其重要，为了保证西瓜品质以施用硫酸钾型肥料为宜。

2. 施肥技术

合理施肥是西瓜高产优质的基础，西瓜的施肥应以基肥为主，追肥为辅。根据西瓜的营养特点，栽植前施足基肥，一般每亩施入腐熟厩肥 3000 ~ 5000kg，饼肥 50kg。追肥重点应放在西瓜生长的中后期。开花坐果期可根据瓜秧的生长情况，叶面喷 2 次 0.2%硼沙和 0.2% ~ 0.3% 磷酸二氢钾溶液，有利于提高坐瓜率。坐瓜后结合灌溉及时追肥，施入复合肥 30kg/ 亩左右，或尿素 20kg/ 亩和硫酸钾 15kg/ 亩。果实膨大盛期施肥关系到品质和长势，最好以氮肥为主，氮、磷、钾结合。如复合肥 15 ~ 20kg/ 亩加尿素 8 ~ 10 kg/ 亩，保秧防衰。

实行肥水同灌时肥料选择、施肥方法及滴灌系统维护参照葡萄施肥技术。

第六章　甜瓜设施栽培节水灌溉

第一节　甜瓜设施栽培主要类型

甜瓜属于葫芦科、一年生蔓性草本植物，因其果实香甜可口、香气浓郁、风味独特、含糖量高、品质佳、营养丰富、保健功能强，深受消费者喜爱，已成为当前国际市场上的畅销果品。一个厚皮甜瓜能卖到几十元甚至上百元。一般温室栽培亩产值可达 3 万元以上。

甜瓜生育期短，熟性差异大，变异多。一般薄皮早熟品种生育期为 65 ~ 70 天；厚皮早熟品种为 80 天左右，晚熟品种为 150 天左右。特别是通过各种设施栽培，加上多数品种较耐贮运，基本上可实现周年供应。随着设施栽培的快速发展，浙江等南方地区的甜瓜设施栽培也发展迅速；其主要的设施栽培类型如下。

一、厚皮甜瓜大棚促成栽培

厚皮甜瓜大棚促成栽培类型是目前生产上应用较多并具有良好推广前景的栽培方式。栽培设施以普通标准大棚和提高型钢管大棚为主，栽培方式以搭架栽培为主（图 6-1），栽培类型以春季促成栽培为主，为提高栽培效益，品种上宜选择品质较好、耐低温、耐弱光、早熟、抗病的厚皮甜瓜为主，如黄皮类型的伊丽莎白（图 6-2）、状元、丽春等，白皮类型的蜜世界（图 6-3）、西薄洛托等，网纹类型的秋蜜、天蜜（图 6-4）、女皇、兰丰、新世纪等。

图 6-1　甜瓜大棚促成栽培

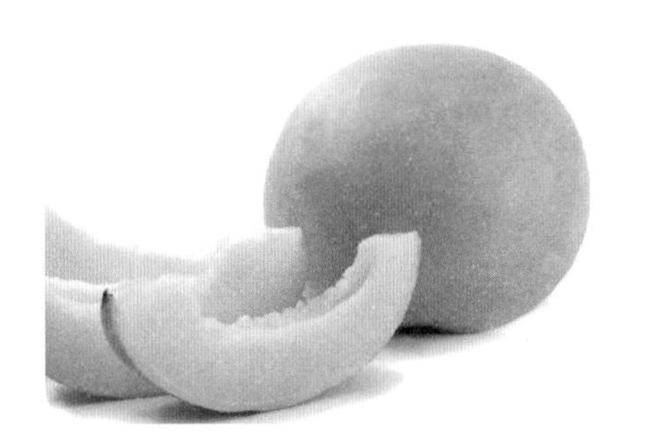

图 6-2　伊丽莎白甜瓜

图 6-3　蜜世界甜瓜

图 6-4　甜瓜品种图

该栽培类型的主要特点是成熟早、品质好、效益高，栽植密度较大，采用单蔓或双蔓整枝。单蔓整枝主要用于主蔓雌花发生早且连续发生的极早熟品种。双蔓整枝是在主蔓 3~5 片真叶时摘心，选留 2 条子蔓，在部位适当的子蔓或孙蔓上结瓜，应及时摘除多余子蔓，并对立蔓和结果子蔓摘心，摘除子蔓应在 2~3cm 时进行。

二、网纹甜瓜温室栽培

网纹甜瓜多数品质极其优良，商品价值较高，但网纹甜瓜其网纹形成过程中对空气湿度和土壤湿度都要求极其严格，否则，形成的网纹过细或过粗甚至裂果就会大大降低其销售价格。因此，在浙江等高温多雨地区栽培网纹甜瓜难度较大，露地和一般简易设施栽培难以获得理想的品质。然而随着社会经济的快速发展，玻璃温室和联栋塑料温室等环境调控能力较强的自动化温室也发展很快。温室栽培因投资大、成本高，最好选择抗病性较强、有网纹、品质好、外形和风味独具一格的高档次优质品种。因此，该栽培模式已成为甜瓜高效栽培发展的一大方向。

该栽培类型的主要特点是：设施投资较大，环境调控能力强，能使坐果稳定、网纹形成美观、果型大而均匀，从而获得较高的品质和产量。品种上宜选择网纹型的天蜜、秋蜜（图 6-4）、银翠、翠蜜等。

栽培方式上可采用基质栽培，避免连作障碍，以便稳定栽培和提高温室的利用率。目前宜推广的有基质槽培（图 6-5）和基质袋培（图 6-6）。

图 6-5　甜瓜基质槽培

1. 基质槽培

基质槽培就是将基质装入一定容积的种植槽中，槽内种植甜瓜，通过滴灌供给水分和养分的无土栽培方式。种植槽一般用两层红砖叠砌而成，槽深 10 ~ 12cm，内宽约 64cm。6m 跨棚设 3 条槽，10m 跨棚设 5 条槽。每条槽底部宜平整至水平，然后铺上地膜，倒入基质。每条槽种两行甜瓜，株距 45cm（图 6-5）。

图 6-6　甜瓜基质袋培

2. 基质袋培

基质袋培就是把基质装入塑料袋中，袋面开孔，将甜瓜种在袋内滴灌营养液（或清水）的栽培方式。塑料袋用厚度为 0.1 ~ 0.2cm 不透明的乳白色或黑白双色塑料薄膜制成，填充基质后呈扁长方形，长 100 ~ 120cm、宽 25 ~ 35cm、厚 10cm。塑料袋装填基质后，在其上方开 3 ~ 4 个直径为 10cm 的定植孔用作定植作物，在袋两侧各打 5 个小孔以便排除多余的营养液或水。将种植袋排列成行，在袋一侧设置滴溉管，滴溉管插接滴头（滴箭）连接到种植袋，这样营养液或水就可滴灌到种植袋供甜瓜吸收（图 6-6）。

三、甜瓜小拱棚栽培

该栽培类型以小拱棚为主要栽培设施，一般不实行搭架，枝蔓和果实伏地生长，每个棚栽培 1 ~ 2 行。

其主要特点如下：

（1）简单易行、成本低；便于移地轮作、避免连作；对环境调控能力弱，要求管理及时科学。

（2）品种选择上宜选择生长期在 100 天以内，开花早、易坐果、成熟早以及抗病性较强的品种，如伊丽莎白、中甜一号、银铃等。

（3）栽培方式上宜采用单行栽培或双行栽培。单行栽培的一般畦宽 100cm，株距 30 ~ 40cm，一般每亩栽 1666 ~ 1900 株（图 6-7）。双行栽培大行距 2m，小行距 30cm，株距 30cm，一般每亩栽植 1900 株（图 6-8）。

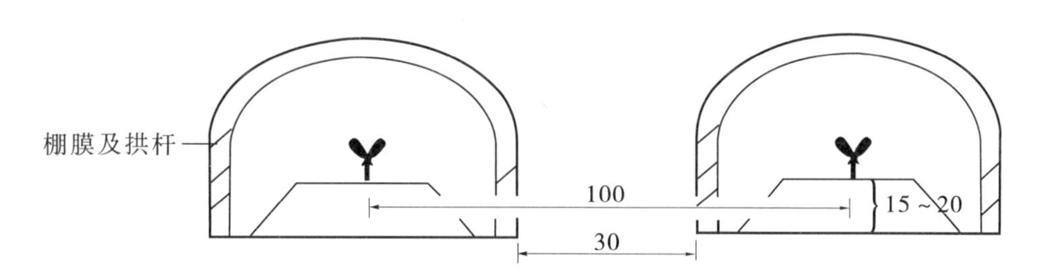

图 6-7　甜瓜小拱棚单行栽植示意图（单位：cm）

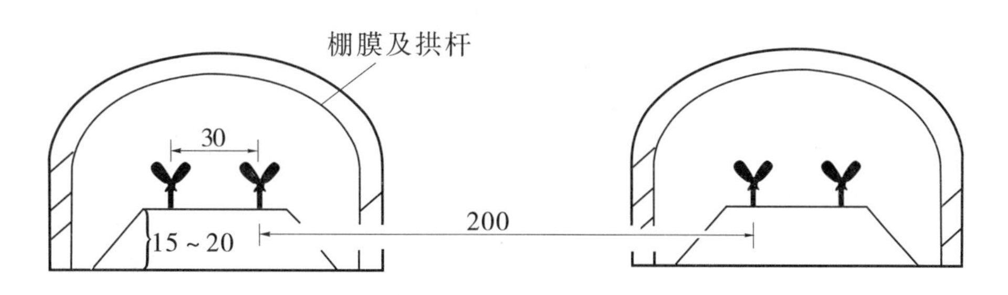

图 6-8　甜瓜小拱棚双行栽植示意图（单位：cm）

单行栽培的优点是苗定植在畦面中间，能最大限度地发挥小拱棚的增温效果；双行栽培的优点是节省建棚投资，灌溉方便。不足之处是瓜苗定植于棚两侧，既易受外界气候条件影响，也易被烤伤，伸蔓后棚内枝蔓比较拥挤，不好管理。故在小拱棚栽培中多数采用单行栽培。

第二节　甜瓜设施栽培微灌技术应用

一、甜瓜需水特性及关键灌水期

甜瓜较耐干旱，土壤水分过大，植株易徒长，这是甜瓜栽培所忌。一般缓苗期应保持较高的土壤湿度，需要土壤相对含水量 70% ～ 80%； 缓苗后，以保持土壤相对含水量 65% ～ 70% 为宜；开花坐果期可以再适当低些，而果实膨大期是一生需水最多的时期，要求土壤水分充足。普通甜瓜各生育期适宜的土壤相对含水量和空气相对含水量可参考表 6-1。

表 6-1　　甜瓜大棚促成栽培各生育期的水分管理要求

生育时期	土壤相对含水量	白天空气湿度	夜间空气湿度	备注
缓苗期	70% ～ 80%	80%	80% ～ 100%	浇足定根水
缓苗后 - 坐瓜	65% ～ 70%	50% ～ 60%	≤ 80%	一般可以不浇水
开花授粉期	60% ～ 70%			一般不浇水
果实膨大期	80% ～ 85%	50% ～ 60%	≤ 80%	一般 5 ～ 7 天灌溉一次水
果实成熟期	55% ～ 60%	50% ～ 60%	≤ 80%	采前 7 ～ 10 天停止灌溉

普通甜瓜喜欢相对较低的空气湿度，适宜空气相对湿度为白天 60%，夜间最大为 80%。而网纹甜瓜对空气湿度要求更为严格，在网纹发生期空气相对湿度应维持在 80%。裂网纹时，如天气高温、空气湿度过于干燥，可用喷雾器对瓜或整个植株喷雾，增加相对湿度，促使愈伤组织形成网纹。为保持局部高湿也可套袋。网纹发生期过后，应降低空气湿度，相对湿度维持在 50% ～ 60% 为宜。

二、甜瓜设施栽培节水灌溉主要模式

1. 厚皮甜瓜大棚促成栽培 + 滴灌 + 地膜覆盖

该模式的栽培方式如第一节，即采用大棚栽培，一般棚宽 6 ～ 8m，肩高 1.8 ～ 3.2m，每棚整成 5 ～ 6 畦，每畦种植 2 行，宜在每畦的 2 行中间铺设一根滴灌带（图 6-9）；滴孔间距 20 ～ 30cm，流量以 2.0 ～ 3.2L/h 为宜。定植后即铺设地膜，实行膜下滴灌；整个生育期灌溉 10 ~ 15 次，其中定植后即灌溉一次透水，约需灌溉 6 ~ 8m³/ 亩；定植后每隔 3 ~ 4 天再灌溉 1 次，每次灌溉 3 ~ 4m³/ 亩，保持土壤相对含水量 70% ~ 80%；植株长到 10 ~ 12 片叶时结合施肥灌 1 次伸蔓水，灌溉量 4 ~ 6m³/ 亩，每 10 天左右灌溉 1 次，至坐果期保持土壤相对含水量 60% ~ 70%；幼瓜鸡蛋大小时灌 1 次膨瓜水，灌溉量 5 ~ 7m³/ 亩，每隔 7 ~ 10 天后再灌 1 次，保持土壤相对含水量 80% ~ 85%；至果实成熟前 7 ~ 10 天停止灌溉，保持土壤含水量 55% ~ 60% 即可。总灌溉量 60 ~ 90m³/ 亩。

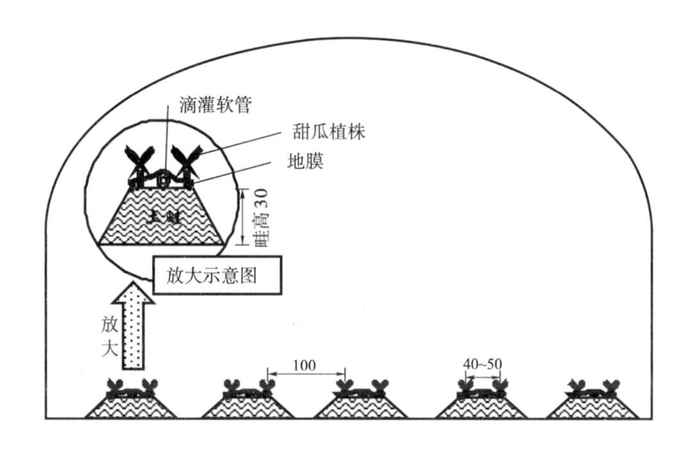

图 6-9　大棚甜瓜双行单管滴灌管道布置示意图（单位：cm）

该灌溉模式的主要特点：

（1）投资轻。一次性投资仅需 350~600 元 / 亩，使用寿命 1~3 年。

（2）灌水较均匀、灌溉效果较好。

该灌溉模式虽滴孔间距较小，灌溉较均匀，但灌溉毛管布置密度较内镶式滴灌管少一半，所以灌溉均匀度也略逊于双行双管的内镶式滴灌管灌溉。该模式虽种植密度较大，叶片多，需水量较多，然加上地膜覆盖，蒸发失水减少，节水灌溉效果较好。

2. 网纹甜瓜温室栽培 + 滴灌

网纹甜瓜温室栽培 + 滴灌模式的栽培方式如第一节，根据定植后湿度管理要求，网纹甜瓜温室如采用基质槽培，宜选用性能较好、价格较高、使用寿命较长的内镶式滴灌管作为滴灌毛管，内镶式滴灌管管径 10mm 或 16mm，滴头间距 20 ~ 30cm，工作压力 0.12MPa，流量 2.5 ~ 3L/h。其布置方式一般采用双行双管布置（图 6-10）。如用基质袋培可采用四头滴箭进行灌溉（图 6-11）。

网纹甜瓜对水分的管理要求较高，使用基质栽培后保水性较好，所以灌溉次数和灌溉量可比模式 1 相应减少，年灌溉次数约 8 ~ 12 次，总灌溉量 50 ~ 70m³/

亩，管理上一般定植期需要一次性灌透水，其时间宜适当控制灌溉量。一般开花前少灌水，控制基质相对含水量在 60% ~ 70%，授粉后 7 ~ 10 天鸡蛋 大小时，进入快速膨大期，需水量增大，及时浇足膨瓜水。 保持基质相对含水量在 80% ~ 85%。授粉后 14 ~ 20 天进入果皮硬化期，果实表面开始出现网纹，网纹形成时期约需 7 ~ 10 天不灌水，否则果面易产生裂缝，形成较粗的网纹。网纹完全形成以后，再逐渐增加水分，以促进果实肥大和网纹良好发育。采收前 7 ~ 10 天停止灌水。

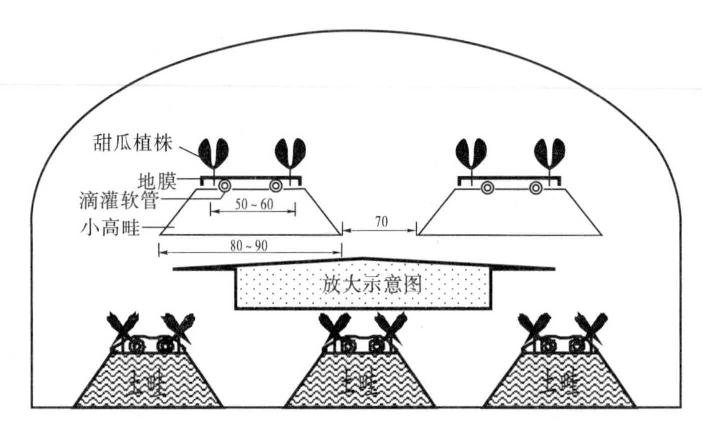

图 6-10　大棚甜瓜双行双管滴灌管道布置示意图（单位：cm）

图 6-11　基质袋培滴箭灌溉

该灌溉模式的主要特点：

（1）灌水均匀。滴灌灌流均匀一致，各滴头出水量均匀一致。

（2）投资较大，使用寿命较长。一次性投资 1000 ~ 1500 元 / 亩，使用寿命 5 年以上。

3. 小拱棚栽培 + 滴灌 + 地膜覆盖

小拱棚保湿能力较强，土壤水分过多易徒长，应严格控制灌水，通过膜下滴灌溉可以大大地降低小拱棚内的空气湿度，降低植株发病率，同时还可以科学量化溉水、节约用水及减少田间作业量。

具体方式为：将滴灌毛管顺畦向铺于畦面上，出水孔朝上，将支管与畦向垂直方向铺于拱棚一端。根据小拱棚栽植方式，无论是双行栽植还是单行栽植都是每畦铺设一根滴灌带（或微喷水带），具体布置可参见图 5-4。定植时，也可以先不覆盖地膜，适当加压使之成为微喷状灌溉，有利于提高成活率；待成活后，覆盖地膜，以降低棚内湿度。

定植水以湿润土坨为度，双上孔软管滴灌定植水需 6 ~ 8m^3/ 亩，平时灌溉膨瓜前每次 3 ~ 5m^3/ 亩，膨瓜期及以后每次 4 ~ 6m^3/ 亩。灌溉时期参考灌溉模式 1，采收前 7 ~ 10 天停止灌水。

该灌溉模式的主要特点：

（1）成本低。灌溉模式采用滴灌带，一次性投资仅需 250 ~ 500 元 / 亩，使用寿命 1 ~ 3 年。

（2）安装使用方便。滴管带对水质过滤要求没有滴灌管高，相对不易堵塞，使用较为方便。

（3）便于轮作换地。该滴灌带布置和收藏较为方便，便于小拱棚的移地轮作使用。

三、甜瓜节水灌溉施肥技术

1. 甜瓜的营养特性

甜瓜生育期较长，需肥量也较大，一般每生产 1000kg 甜瓜需吸收氮（N）2.5 ~ 3.5kg、磷（P_2O_5）1.3 ~ 1.7kg、钾（K_2O）4.4 ~ 6.8kg、钙（CaO）5.0kg、镁（MgO）1.1kg。各营养元素在甜瓜的产量形成、品质提高中起着重要的作用。供氮充足时，叶色浓绿，生长旺盛，氮不足时则叶片发黄，植株瘦小。但生长前期若氮素过多，易导致植株徒长，结果后期植株吸收氮素过多，会延迟果实成熟，且果实含糖量低。磷能促进蔗糖和淀粉的合成，提高甜瓜果实的含糖量，缺磷会使植株叶片老化，植株早衰。钾有利于植株进行光合作用及原生质的生命活动，促进糖的合成，施钾能促进光合产物的合成和运输，提高产量，并能减轻枯萎病的危害。钙和硼不仅影响果实糖分含量，而且影响果实外观，钙不足时，果实表面网纹粗糙、泛白，缺硼时坐果率低，且果肉易出现褐色斑点。甜瓜对养分吸收以幼苗期吸肥最少，开花后氮、磷、钾吸收量逐渐增加，氮、钾吸收高峰约在坐果后 16 ～ 17 天，坐果后 26 ～ 27 天就急剧下降，磷、钙吸收高峰在坐果后 26 ～ 27 天，并延续至果实成熟。开花到果实膨大末期的 1 个月左右时间内，是甜瓜吸收养分最多的时期，也是肥料的最大效率期。在甜瓜栽培中，铵态氮肥比硝态氮肥肥效差，且铵态氮会影响含糖量，因此应尽量选用硝态氮肥。甜瓜为忌氯作物，不宜施用氯化铵、氯化钾等含氯肥料。

2. 施肥技术

甜瓜全生育周期宜施入一次基肥多次追肥。基肥一般施用腐熟厩肥每亩 3000 ～ 3500kg（或商品有机肥 400 ～ 450kg），尿素 5 ～ 6kg、磷酸二铵 13 ～ 17kg、硫酸钾 5 ～ 6kg，在定植前结合整地施入。追肥一般在伸蔓期和果实膨大期结合滴灌分次施入。在甜瓜抽蔓至开花坐果期，瓜秧生长快，吸收养分速度也快，需有充足的养分，使植株形成较大的营养面积，为丰产打下基础。一般可亩施尿素 9 ～ 10kg、硫酸钾 3 ～ 4kg。果实膨大期是甜瓜一生吸收养分量最多时期，也是肥料的最大效率期，要及时追肥，促进果实迅速膨大。果实膨大初期一般可亩施尿素 12 ～ 14kg、硫酸钾 4 ～ 6kg。果实膨大中期可亩施尿素 9 ～ 10kg、硫酸钾 3 ～ 4kg。甜瓜坐果后可根据长势和结果量每隔 7 天左右喷一次 0.3% 磷酸二氢钾溶液，或 0.5% 尿素，或二者混合液，连喷 2 ～ 3 次。微量元素土壤供应不足时可以叶面喷施微量元素水溶性肥料。

实行肥水同灌时肥料选择、施肥方法及滴灌系统维护参照葡萄施肥技术。

第七章　番茄设施栽培节水灌溉

第一节　番茄设施栽培主要类型

番茄别名西红柿等，茄科茄属一年生草本植物，以成熟多汁浆果为产品。果实成熟鲜红色，酸甜可口、营养丰富，具有特殊风味、实用方便，可以生食、煮食、加工制成番茄酱、汁或整果罐藏，市场消费和潜力都很大。

特别是随着设施栽培的兴起和樱桃番茄等品种的推广，番茄作为蔬菜水果兼用、生产观光兼宜的特殊果菜种类，已形成周年生产、周年应市、常年消费的良好产业化体系，而且产量稳定、效益显著、前景良好。

浙江及南方地区番茄设施栽培主要为塑料大棚栽培，棚的类型主要有标准型大棚、加强型单栋大棚和联栋大棚及温室。设施栽培主要类型有。

一、大棚番茄秋冬茬栽培

该类型为秋季定植、秋末冬初上市的茬口。生育期处于秋冬季，采收期短，品种应选择抗病毒、大果型、丰产、果皮较厚、耐储藏的优良品种。此期，外界气温由高逐渐降低，通常采用单栋大棚或联栋大棚栽培，并通过提早或推迟揭盖多重覆盖物的时间、变换通风方式及增减通风量来调节满足番茄不同生育阶段对温度和空气湿度的需求。

二、大棚番茄冬春茬栽培

该类型是初冬定植、春节前后上市的茬口。此期外界气温由低渐高，多数时间是在低温、弱光照的冬季进行。栽培技术难度较大，通常采用单栋大棚或联栋大棚栽培加中小拱棚及地膜实行“三棚四膜”覆盖栽培。有条件的可以采用温室基质槽培或基质袋培。

品种选择上应选择在低温弱光条件下坐果率高、果实发育快、果个较大、商品性好的品种。

三、春季塑料大棚早熟栽培

春季塑料大棚早熟栽培为终霜前 30 天左右定植、初夏上市的茬口。通常采用单栋大棚或联栋大棚栽培。

品种应选择耐低温，耐弱光、抗病性强的早熟高产品种。

四、秋季大棚延后栽培

秋季大棚延后栽培为夏末初秋定值，国庆节前后上市的茬口。通常前期采用遮阳网等覆盖降温，后期采用塑料薄膜覆盖保温等方式栽培。

品种应选择抗病能力强，具有早熟性、丰产性、耐储藏性、抗寒性等优点的优良品种。

第二节　番茄设施栽培微灌技术应用

番茄需要较高的土壤湿度和较低的空气温度。番茄枝繁叶茂，蒸腾作用强烈，番茄根系较发达吸水力较强，需要较多的水分，每 5000kg 番茄果实需从土壤中吸收水分 300t 以上。

一、番茄需水特点及关键灌水期

番茄在不同生育期对土壤水分的要求是不同的，一般来说，在苗期（营养生长期）为防止徒长，要适当控制灌水，以达到土壤相对含水量的 70% 为宜，而到开花结果期要达到土壤相对含水量的 80% 左右，结果盛期可以达到 85%，并要保持相对稳定，防止忽干忽湿，也不宜大水漫灌。

灌水量因天气而定，一般是晴天多灌水，阴天不灌水或少灌水，雨雪天停止灌水。由阴转晴时，灌水量由小变大，间隔期由长变短；由晴转阴时，灌水量由大变小，间隔期由短变长。

灌水时间要根据设施栽培的类型而定。如冬春栽培，一般选择晴暖天气灌水，又以午后为佳，不宜在清晨和傍晚灌水。而夏秋栽培时，气温高，宜在早晨或傍晚灌水。灌水后应适当加大通风，以降低棚室内空气温度，番茄正常生长发育需要比较干燥的空气温度，一般保持在 50% ~ 60% 为好。空气湿度过大，会影响植株的正常生长生育，并引发多种病害。

二、主要节水灌溉模式

1. 大棚栽培＋滴灌

标准型或加强型大棚栽培时，结合耕地，整地做畦，畦宽 1.3m（种二行），开沟将有机肥等基肥施入沟中后覆土，每畦铺设 1 ～ 2 条滴灌管，滴管孔朝上，滴管孔间距约 30 ～ 35cm，滴管带长与畦长相同，将一端封住，另一端连在支管上（用三通或傍通），使水通过滴管滴入两旁番茄根际土壤中（图 7-1）。

图 7-1　番茄大棚栽培＋滴灌

灌溉系统的设备选择和安装见第二章和第十章。

滴灌坚持少量多次原则。定植后及时滴灌 1 次透水，水量 20 ～ 25m^3/ 亩，以利缓苗。苗期和开花期不灌水或滴灌 1 ～ 2 次，每次灌水 6 ～ 10 m^3/ 亩。果实膨大期至采收期每隔 5 ～ 10 天滴灌 1 次，每次灌水 6 ～ 12 m^3/ 亩；视番茄长势，可融水加肥一次。拉秧前 10 ～ 15 天停止滴灌。

该灌溉模式的特点：与沟灌等传统灌溉方式比，具有省水、节能、灌水均匀及增产等特点。它能将水和作物生育需要的养分以较小的流量均匀准确地直接输送到作物根部附近的土壤表面或土层中去。但由于没有地膜覆盖，加上棚室内气温较高，水分蒸发量大，空气湿度大，易诱发病害，同时灌溉用水量也较地膜覆盖的多；要特别注意棚内的通风排湿。

2. 大棚栽培＋膜下滴灌

番茄设施栽培中，膜下滴管是已被广泛推广的一种灌溉方式，灌溉系统、材料的选择和安装方法见第二章和第十章。只是管道安装好后，在畦面覆盖薄膜，以减少水分的蒸发和避免棚室湿度太大（图 7-2）。越冬茬和早春茬，定植后灌一次透水，灌水量 20 ～ 25m^3/ 亩，缓苗后和开花期，一般不灌水。第一穗果实膨大期，开始灌溉，灌水量应渗透土层 15cm，一般每隔 8 ～ 10 天滴灌 1 次，每次灌水量为 3 ～ 5m^3/ 亩。冬季植株生长和果实发育都较缓慢，需水量较少，进入春季，随气温、地温升高，需水量增多，所以前期 10 ～ 15 天灌溉 1 次，后期 8 ～ 10 天灌 1 次，每次灌水量 6 ～ 8m^3/ 亩。

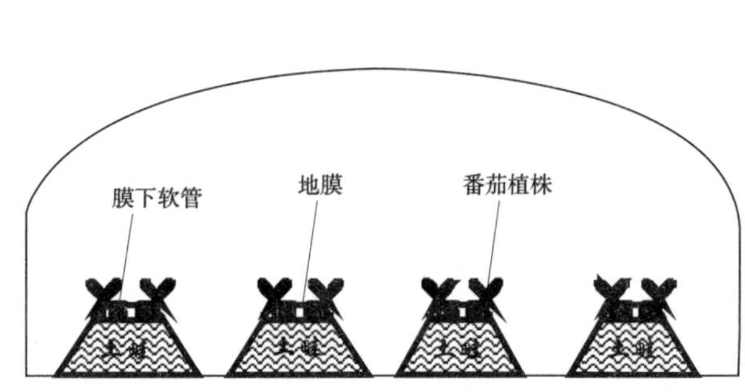

图 7-2　番茄大棚栽培 + 膜下滴灌

秋延后茬定植初期气温高，蒸发量大，不宜过分控水，应保持适宜的水分，但每次浇水不宜过多，以见干见湿为原则，每次 3 ~ 4m^3/ 亩，宜在早晚进行。第 1 穗果开始膨大时追肥水，每 2 次水追 1 次肥，每穗果膨大时都应追 1 次肥，后期气温下降，灌水间隔期可延长。前期和结果盛期 8 ~ 10 天灌溉 1 次、后期 10 ~ 15 天灌溉 1 次，每次灌 6 ~ 8m^3/ 亩。

该灌溉模式的特点：实践证明，番茄膜下滴灌比沟灌节水，增产省工，膜下滴灌仅为普通滴灌用水量的 75%，增产 35% 以上。膜下滴灌可使作物根系层的水分条件始终处在最优状态下，同时能够保持土壤具有良好的透气性，能调节土壤水、气、热，有利于作物生长发育，使作物缓苗快，上市早、果实均匀整齐、品质好。膜下滴灌能改变农田生态环境，显著降低大棚内的相对湿度，有利于预防番茄多种病害的发生，特别是常发的疫病、叶霉病等。是防止病害的有效途径，增产，增值明显，其经济效益显著。

基质栽培的灌溉系统布置可参照第六章第二节。灌溉方式参照膜下滴灌。

三、番茄节水灌溉施肥技术

由于采用地膜覆盖或袋培，施肥宜采用滴灌施肥法，用肥量可参照表 7-1，其中，磷肥大部分和 50% ~ 60% 的氮肥及 60% 钾肥宜以基肥（有机肥为主）形式施入。滴溉追肥的时间和用量如下。

表 7-1　番茄推荐施肥量

肥力等级	目标产量 /(kg/ 亩)	推荐施肥量 /(kg/ 亩)		
		纯氮	磷 (P_2O_5)	钾 (K_2O)
低肥力	3000 ~ 4200	19 ~ 22	7 ~ 10	13 ~ 16
中肥力	3800 ~ 4800	17 ~ 20	5 ~ 8	11 ~ 14
高肥力	4400 ~ 5400	15 ~ 18	3 ~ 6	9 ~ 12

第一次追肥在番茄第一穗果开始膨大至核桃大小时，以氮肥为主，追施尿素10kg/ 亩，以加快其膨大。第二次追肥是在第一穗果即将采收，第二穗果膨大至核桃大小时，也是以氮肥为主，配合少量钾肥。第三次追肥在第二穗果采收后，也是以氮肥为主，配合少量钾肥。

建议使用滴灌专用肥，要求养分含量要高，含有中微量元素。氮、磷、钾比例前期约为 1.2 ∶ 0.7 ∶ 1.1，中期约为 1.1 ∶ 0.5 ∶ 1.4，后期约为 1 ∶ 0.3 ∶ 1.7。土壤微量元素缺乏的地区，还应针对缺素的状况增加追肥的种类和数量。

其次，滴灌施肥方法，先将肥料溶于水，充分搅拌后静置一段时间，然后将过滤后的肥液倒入施肥罐。一般在灌水 20 ~ 30min 后进行加肥，压差式施肥法加肥时间一般 40 ~ 60min，防止施肥不均或不足。

最后，滴灌系统维护，每次施肥结束后继续滴灌 20 ~ 30min，以冲洗管道。系统运行一个生长季后，应打开过滤器下部的排污阀放污，清洗过滤网。滴灌施肥 3 ~ 5 次后，要将滴灌管末端打开进行冲洗。

第八章　茄子设施栽培节水灌溉

第一节　茄子设施栽培主要类型

茄子古名落苏，茄科茄属一年生草本植物，生长于热带时为多年生。食用幼嫩浆果，可炒、煮、煎食、干制和盐渍。中国各地均有栽培，为夏季主要蔬菜之一。

茄子具有产量高、适应性强、供应期长的特点，随着设施栽培的发展，不同茬口的安排，基本可实现周年供应、产量更高、效益也更好了。已成为各地设施栽培主要蔬菜之一。浙江等南方地区茄子设施栽培主要类型有。

一、大棚茄子越冬栽培

大棚越冬栽培是 8 月下旬至 9 月中旬播种，10 下旬至 11 月上旬大棚定植，春节前可以上市的茬口。通常在大棚或联栋大棚内加设中棚、小棚及地膜实行“三棚四膜”形式栽培。做好保温防冻工作是保证大棚茄子越冬栽培最为关键的一个技术要点。管理过程中仔细检查“三棚四膜”是否完全密闭，严防漏风冻苗。当白天棚内气温达到 30℃以上时，适当进行通风，促进棚内空气流通，降低湿度；但要及时封棚，以保晚间棚内最低气温不低于 5℃。

该类型宜选择早熟、耐寒、耐弱光、品质好、抗病、坐果率高、着色好、植株开展度较小的中、早熟品种，如杭茄 3 号、杭茄 1 号等。

二、大棚茄子春提早栽培

该类型是 10 月下旬至 11 月上旬播种，2 月下旬至 3 月上中旬定植，4 月下旬开始采收的茬口。通常前期在大棚内加小拱棚、覆盖无纺布等进行保温促成栽培（图 8-1）。

品种应选择抗寒性强、耐弱光、株型矮、商品性佳、适宜密植的早熟品种，如杭州红茄、杭茄 1 号等。

三、大棚茄子秋延后栽培

大棚茄子秋延后栽培是6月上中旬播种，7月中下旬定植，国庆节前后上市的茬口。

由于这茬茄子栽培过程是先热后冷，后期有利的生长时间又严格受到限制，因此品种选择要选用耐低温能力强、果实膨大速度快的早熟品种，如紫妃1号、农友长茄等。

图 8-1 茄子大棚栽培定植状

由于育苗正处于夏季炎热天气，应采取遮阴、防虫、避雨设备进行育苗。

定植宜选阴天或晴天傍晚进行。栽后要随即浇水，不仅能满足小苗对水分的需求，还可降低地温，为根系的发育提供较适宜的温度环境。

第二节 茄子设施栽培微灌技术应用

一、茄子需水特性及关键灌水期

茄子生长期长，耐旱力弱，对水分的需求量大，但又怕涝。茄子对水分的要求，因生育阶段的不同而有所差异，门茄坐果前不宜多灌水，土壤相对含水量达60%就可以了，以避免茎叶徒长，根系发育不良和落花率高。门茄坐果后植株进入果实旺盛生长时期，土壤水分应保持相对含水量80%为宜，此时干旱，落花率高，停止结果。

定植后，空气相对湿度以维持在75%以下为宜。

二、设施栽培适宜的节水灌溉模式

茄子比较适合膜下滴灌，滴灌的次数和灌水量因苗势、土壤质地和天气状况而定。一般在茄子生长前期，每隔4 ~ 6天滴灌一次，每亩滴3 ~ 4m^3；到结果期，每3 ~ 5天滴灌一次，每亩滴水量4 ~ 5m^3，选晴天午后灌水为好。越冬茬栽培定植后灌透1次定植水，并闭棚5 ~ 6天。春提早栽培定植后灌足定植水，约6 ~ 8m^3/

亩，缓苗后到门茄膨大前，基本不灌水，适当控水蹲苗，以利坐果，门茄膨大期，应及时灌水追肥，促使果实迅速膨大，每 3 ~ 5 天滴灌 1 次，每次 4 ~ 5m^3/ 亩。秋延后栽培由于定植时气温和地温均较高，要及时灌水，定植后 2 ~ 3 天滴灌 1 次，缓苗后再滴水 1 次，灌水量约 3 ~ 4m^3/ 亩，以后再依据情况适度蹲苗，以利结果，结果期适时灌水，参照前二茬，气温高、天气晴时，适当多灌，气温低、阴雨天，适当少灌。土壤（或基质）保水性好，适当少灌，否则，适当增加灌溉次数，以早晨或傍晚灌溉为宜。

具体灌溉设施的选择、布置及灌水方法见番茄的节水灌溉部分如图 8-2 所示。

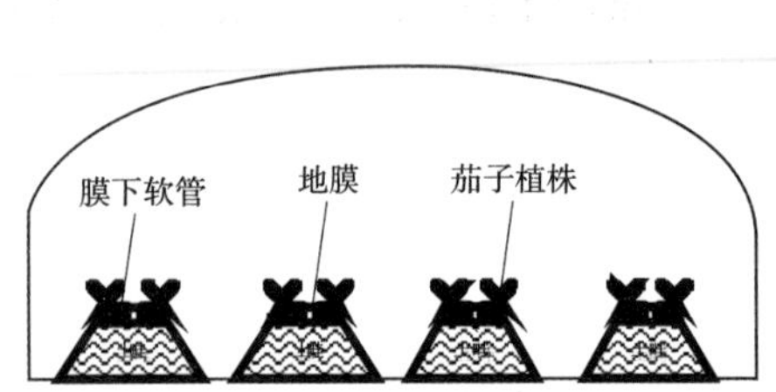

图 8-2　茄子大棚栽培 + 膜下滴灌

三、茄子节水灌溉施肥技术

1. 营养特性

实行膜下滴溉时，追肥宜结合滴灌实行膜下滴溉施肥，肥料用量据杭州市农业科学研究院研究，茄子对肥料的需求量，以钾肥最多，氮次之，磷最少。当鲜茄产量每亩产 4000 kg 时，每 1000 kg 茄子需吸收氮（N）2.13 kg，磷（P_2O_5）1.37 kg，钾（K_2O）6.93 kg，氮（N）：磷（P_2O_5）：钾（K_2O）吸收比例为 1 ：0.64 ：3.25。

设施栽培时，目标经济产量为 5000 ~ 7000 kg/ 亩时，需供应纯氮（N）40 ~ 45 kg/ 亩。至于磷钾肥，要根据土壤有效磷和速效钾水平来供应，总的原则是低的要多施，高的要少施，甚至不施，详见表 8-1。

2. 施肥时期

当门茄达到“瞪眼期”时，果实开始迅速生长，此时进行第一次追肥，可每亩施尿素 10 ~ 15 kg，硫酸钾 10 kg。当对茄果实膨大时进行第二次追肥，“四门斗”开始发育时，是茄子需肥高峰，进行第三次追肥，前三次的追肥量相同。一般第三次追肥后，每隔 10 天追肥一次，共追肥 5 ~ 6 次，追肥量减半，也可不施钾肥。

3. 施肥方法

施肥方法：追肥施用最好采用肥水一体的滴灌施肥法，具体方法可参照第七章番茄滴灌施肥法。

表 8-1　　茄子磷、钾肥推荐指标（根据李俊良等资料改算）

级别	土壤有效磷 P/(mg/kg)	土壤速效钾 K/(mg/kg)	施肥量 /(kg/ 亩)	
			P_2O_5	K_2O
很低	<13	<100	7 ~ 10	33 ~ 40
低	13 ~ 26	100 ~ 125	5 ~ 7	25 ~ 30
中	26 ~ 39	125 ~ 170	3 ~ 5	16 ~ 20
高	39 ~ 57	170 ~ 210	2 ~ 3	8 ~ 10
很高	>57	>210	0	0

第九章　辣椒设施栽培节水灌溉

第一节　辣椒设施栽培主要类型

辣椒别名番椒、海椒、秦椒、辣茄，为茄科辣椒属一年生或多年生草本植物。以嫩果或成熟果供食，营养价值很高，维生素C的含量尤为丰富，每100g青辣椒含量达100mg以上，红熟辣椒高达342mg。辣椒在中国各地普遍栽培，类型和品种较多，为夏秋的重要蔬菜之一。

随着设施栽培的发展，浙江等南方地区青辣椒等鲜椒也基本实现了周年供应，且产量和效益倍增。

其设施栽培类型主要如下。

一、大棚辣椒早春栽培

该类型是11月上中旬播种，2月初带花蕾定植，4月中下旬开始采收的茬口。设施类型主要是单栋或联栋塑料大棚，前期大棚内可以加盖小拱棚和地膜及无纺布等增加保温性（图9-1）。

该类型在品种选择上应选用较耐寒、耐湿、耐弱光、株型紧凑而较矮小的早熟、抗病品种，如鸡爪 × 吉林等。

图9-1　辣椒早春栽培

二、大棚辣椒延秋栽培

该类型是6月底到7月初播种，8月中旬定植，国庆节前后上市的茬口。在定植前期遇高温时可采用遮阳网等适当遮阴以降温。后期当夜间棚温低于10℃时，棚内可盖小拱棚，白天敞开，夜间盖，大棚周围还可围盖草苫等保温。

品种选择上延秋辣椒应选择耐高温、抗病、丰产、后期耐寒且符合当地消费习惯的品种，如千丽1号。

三、越冬茬栽培

越冬茬栽培是8月中下旬播种，10月中下旬定植，元旦至春节上市的茬口。品种上宜选择耐低温、耐弱光、抗病强的品种。栽培设施宜采用保温性较好的单栋大棚或联栋大棚，低温时可以晚间加盖中棚、小拱棚及无纺布等保温。

第二节　辣椒设施栽培微灌技术应用

一、辣椒需水特性及关键灌水期

辣椒既不耐旱，又不耐涝。其植株本身需水量虽然不大，但由于根系不很发达，故需经常浇水，才能生长良好。一般大果型品种需水量较多，小果型品种需水量较少。辣椒在各生育阶段的需水量也不同：种子发芽需要吸足水分；幼苗期植株需水不多，应保持地面见干见湿，如果土壤湿度过大，根系就会发育不良，植株徒长纤弱；初花期，植株生长量大，需水量随之增加，但湿度过大还会造成落花；果实膨大期，需要充足的水分，水分供应不足影响果实膨大，如果空气过于干燥还会造成落花落果。因此，供给足够水分，经常保持地面湿润是获得优质高产的重要措施。

辣椒各生育期所需要的土壤温度和空气湿度见表9-1。

表9-1　辣椒大棚栽培各生育期水分管理要求

生育期	土壤相对含水量	空气相对含水量	灌溉要求
定植缓苗后	60%	55% ~ 65%	控制灌水
初果期	70%	60% ~ 70%	适度灌水
成果期	80%	65% ~ 75%	充分灌水

二、主要节水灌溉模式

因辣椒比较耐旱，需水量并不太多，加上沟灌、浇灌、喷灌等会造成棚内空气湿度太大而引发病害，所以最适宜的灌溉方式为滴灌，尤其是膜下滴灌（图 9-2）。

图 9-2　大棚辣椒膜下滴灌

早春茬和越冬茬前期要控制灌水，避免棚内低温高湿；结果期要充分供水，但忌大水漫灌。

定植后气温低，辣椒根系少而弱，滴水量要小，每隔 4 ~ 5 天滴一次水，每次滴水 2 ~ $3m^3$/ 亩，土壤含水量控制在相对含水量 60% 左右为宜。到初果期，植株生长旺盛，应加大灌水量，每隔 3 ~ 4 天滴一次水，每次滴水 3 ~ 4 m^3/ 亩，土壤含水量控制在相对含水量 70% 左右为宜。进入盛果期，达到需水高峰，一般 3 ~ 4 天滴一次水，滴水量每次 4 ~ $5m^3$/ 亩，土壤含水量控制在相对含水量 80% 左右为宜。

秋延后茬由于前期气温较高，定植时要及时灌水，且前期应保持适量的灌溉，约每 2 ~ 3 天灌 1 次，每次灌溉 3 ~ $4m^3$/ 亩；后期随气温下降灌溉间隔期可延长至 5 ~ 7 天灌溉 1 次，每次灌水 4 ~ 5 次 m^3/ 亩。

滴灌设施的选择和安装可参考第二章、第十章及番茄的灌溉模式。

三、辣椒节水灌溉施肥技术

1. 营养特性

辣（甜）椒需肥量较多，耐肥力强，养分吸收以钾最多，氮次之，磷较少。一般每生产 1000kg 果实需吸收氮（N）3 ~ 5.2kg，磷肥（P_2O_5）0.6 ~ 1.1kg，钾（K_2O）5 ~ 6.5kg，氮（N）：磷肥（P_2O_5）：钾（K_2O）的吸收比例为 1 ：0.21 ：1.4。

幼苗期对养分吸收量很少，结果期养分吸收量最多，N、P、K 的吸收量分别占各自吸收量的 57%、61% 和 69% 以上。

2. 施肥时期

采用滴灌的辣（甜）椒在定植前 15 天，要追施促苗肥一次，以氮肥为主。到初果期追肥以氮肥和钾肥为主。进入盛果期每隔 10 天追施肥料，仍以氮肥和钾肥为主，土壤有效磷缺乏的土壤可补施磷肥。

3. 施肥方法

结合滴灌宜采用滴溉施肥，方法可参照番茄。氮肥以尿素、钾肥以硫酸钾为宜，尽量不使用氯化钾。

第十章　微灌系统设计典型案例

案例一　葡萄避雨栽培滴灌系统设计

一、基本资料收集

微灌系统设计前应收集的基本资料包括地理位置、地形资料、土壤资料、作物种植、灌溉资料、水文资料、气象资料、社会经济状况和管理体制等方面。本案例收集资料如下：

地理位置：项目区隶属杭州市萧山区，东经120°18'03"，北纬30°15'53"，区域地势平坦，平均海拔10m，面积约17亩。

地形资料：采用1/1000 ~ 1/5000地形图。

土壤资料：基地土壤为轻壤至砂壤，干容重约1.3 g/cm^3，土层厚度大于1 m。

作物种植：作物为大棚避雨栽植葡萄，大棚长60 m，宽8 m。葡萄畦面覆膜，畦宽约2.0 m，每畦1行，株距150cm，行距250cm，畦间沟宽50 cm，深40 cm。种植区平面图如图10-1所示。

灌溉资料：葡萄为多年生作物，生长期一般从4—11月，灌水集中在6—7月的果实膨大期，需水高峰期日均耗水量取4.0 mm/d。

水文资料：基地从附近河道引水至紧邻灌溉区域的蓄水池，再由水泵提水进入滴灌系统。渠道引水流量0.06 m^3/s，渠道引水能力年际变化较小，水源水质符合农田灌溉用水要求，水量充足。

气象资料：多年平均降雨量1320.5 mm。4—7月梅雨（常规年份6—7月上旬）、历时长、范围大，强度较小；7—9月台风暴雨，历时短，强度大，范围较小。多年平均气温为16.1 ℃，最热月出现在7月，平均气温33.1℃；最冷月为1月，平均0.7℃。无霜期224天。多年平均蒸发量1222.9 mm，7月蒸发量较大。每年早春2—3月盛行西北风，4—5月顺时针转为盛行偏东风，6—7月盛行西南风，盛夏8月又转为盛行偏东风，9月风向又恢复到冬季盛行的西北风。年平均风速为3.0m/s，最大风速为20.0m/s。年日照2116.6h，年辐射458.57kJ/m^2。

社会经济状况和管理体制：种植区由农业龙头企业负责生产经营，管理规范，配套设施到位，电力供应有保证。

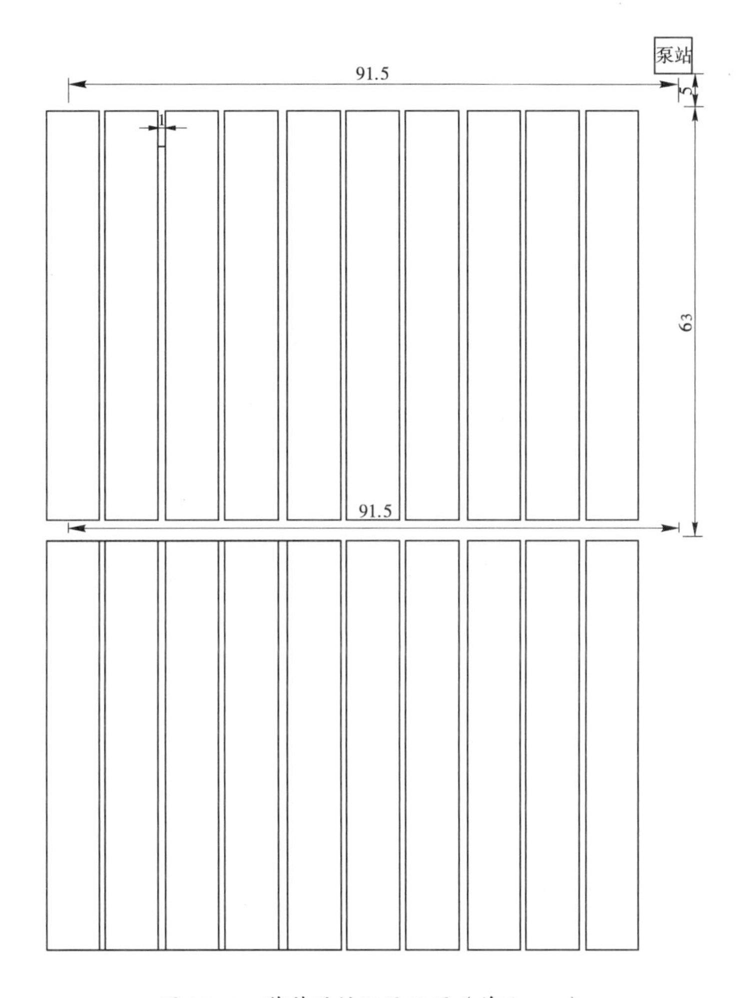

图 10-1　葡萄种植区平面图（单位：m）

二、滴灌系统规划设计参数确定

1. 设计补充灌溉强度

设施栽培葡萄高峰期日均耗水量取 4.0 mm/d，遮阴率 65%，则

$$K_r = G_e/0.85 = 0.76$$

$$I_a = E_a = K_r \times E_c = 3.04\ (\text{mm/d})$$

式中　I_a ——设计补充灌溉强度，mm/d；

E_a ——设计耗水强度，mm/d；

K_r ——作物遮阴率对耗水量的修正系数；

G_e ——遮阴率；

E_c ——作物耗水量，mm/d。

在不考虑淋洗的情况下，得：$I_a = 3.04$mm/d。

2. 设计湿润比

设计湿润比应不小于 30%。

3. 计划湿润层深度

计划湿润层深度应为 0.4 m。

4. 流量偏差率

流量偏差率应为 20%。

5. 灌溉水利用系数

灌溉水利用系数为 0.9。

三、水量平衡计算

水泵日供水 20h，系统所需最小流量 $Q_{\min}$ 为

$$Q_{\min} = \frac{10AI_a}{\eta C} = 1.91(\mathrm{m}^3/\mathrm{h})$$

式中 A——灌溉面积，hm^2；

$Q_{\min}$——系统所需最小流量，m^3/h；

η——灌溉水利用系数；

C——水泵日供水时数，h/d。

渠道引水流量大于系统所需最小流量，故水量满足系统灌溉需求。

四、灌水器选择

选择国产内镶式滴灌管，滴头已在出厂前按要求安装于带内，外径 16 mm，壁厚 0.2 mm，内径 15.6 mm。滴头额定工作压力 10 kPa，额定流量 1.38 L/h，湿润直径为 0.60 m，流态指数为 0.5。

五、管道系统布置及湿润比校核

在一个大棚中，毛管沿葡萄种植方向布置，每行作物布置一条毛管，毛管长 57.5m，毛管间距为 2.5m，滴头间距 0.3m，一条毛管上共布置 192 个滴头。毛管与支管通过辅管连接，整体管道系统布置如图 10-2 所示。此种布置条件下，系统

湿润比为

$$p = \frac{0.785 \times d_{润}^2}{S_e S_l} = 0.377 > 0.30$$

式中　p——土壤湿润比，%；

$d_{润}$——灌水器湿润直径，m；

S_e——灌水器间距，m；

S_l——毛管间距，m。

说明上述灌水器与毛管布置方式满足要求，土壤湿润比取 0.377。

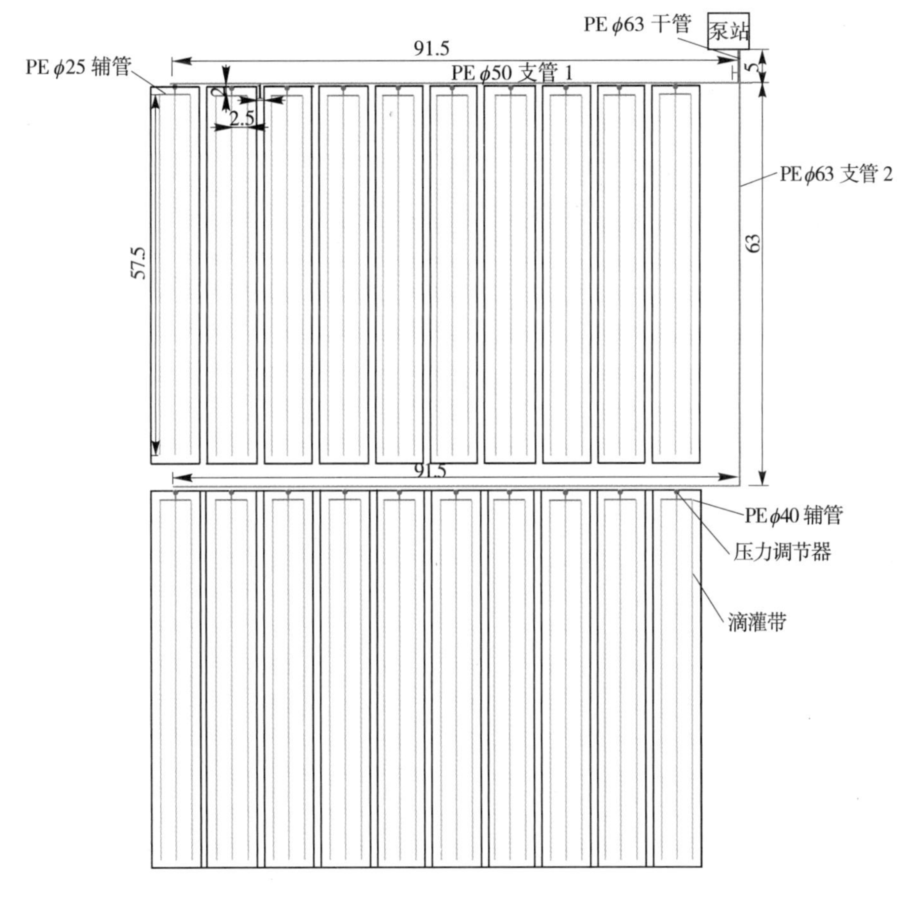

图 10-2　葡萄种植区管网系统布置图

六、灌溉制度拟定

1. 最大净灌水定额

最大净灌水定额用下式计算：

$$m_{max}=0.001zp(\theta'_{max}-\theta'_{min})$$

式中 m_{max}——最大净灌水定额，mm；

z——土壤计划湿润层深度，cm；

θ'_{max}——适宜土壤含水率上限（体积百分比），%；

θ'_{min}——适宜土壤含水率下限（体积百分比），%。

土壤湿润比 37.7%，计划湿润层深度为 0.4 m，则最大净灌水定额为

$$m_{max}=0.001\times(32-24)\times40\times37.7=12.064\ (\text{mm})$$

2. 设计灌水周期

设计灌水周期由下式计算：

$$T=T_{max}=\frac{m_{max}}{I_a}=3.97(\text{d})$$

式中 T——设计灌水周期，d；

T_{max}——最大灌水周期；d。

T 取 3d。

3. 设计灌水定额

设计灌水定额由下式计算：

$$m_d=TI_a=9.12\ (\text{mm})$$

$$m'=\frac{TI_a}{\eta}=10.13\ (\text{mm})$$

式中 m_d——设计净灌水定额，mm；

m'——设计毛灌水定额，mm。

4. 一次灌水延续时间

$$t=\frac{m'S_eS_l}{q_d}=\frac{10.13\times2.5\times0.3}{1.38}=5.5(\text{h})$$

式中 t——一次灌水延续时间，h；

q_d——灌水器设计流量，L/h。

七、工作制度拟定

最大轮灌组数按下式计算：

$$N_{max}=\frac{CT}{t}=\frac{20\times2}{3.7}\approx10$$

但是，本案例葡萄需水集中，且区域面积较小，可不分轮灌组。

八、管道设计及水力计算

1. 毛管水力计算

（1）毛管允许的最大水头差计算。

$$h_{max} = (1 + 0.65q_v)^{\frac{1}{x}} h_d = 12.77(\mathrm{m})$$

$$h_{min} = (1 - 0.35q_v)^{\frac{1}{x}} h_d = 8.65(\mathrm{m})$$

式中　h_{max}——滴头允许最大水头，m；

h_{min}——滴头允许最小水头，m；

q_v——流量偏差率，取 0.20；

x——流态指数，取 0.5；

h_d——额定压力，m。

小区允许的最大水头差：$[\Delta h]=h_{max}-h_{min}=12.77-8.65=4.12$（m）。

根据毛管分配的水头差 $[\Delta h_{毛}]=0.5[\Delta h]$，支管分配的水头差 $[\Delta h_{支}]=0.5[\Delta h]$ 的原则，则毛管分配的水头差为 2.06 m，支管分配的水头差为 2.06 m。

（2）毛管水头损失计算。毛管沿程水头损失按下式计算，比较计算毛管 $h_{f毛}$ 与 $[\Delta h_{毛}]$，如果 $h_{f毛}<[\Delta h_{毛}]$，则拟定毛管长度合理；如果计算毛管 $h_{f毛}>[\Delta h_{毛}]$，则毛管长度不合理，调整后计算，到合理为止；最后根据地块形状，并考虑地表支管的回收的方便性，确定毛管长度。本案例经计算毛管铺设长度为 57.5 m 是可行的，毛管的水头损失为 0.47 m。

$$h_{f毛} = 1.2h'_f = 1.2F\alpha f\frac{Q^m}{d^b}L = 0.47(\mathrm{m}) < [\Delta h_{毛}] = 2.0(\mathrm{m})$$

式中　h'_f——沿程水头损失，m；

F——多口系数；

α——温度修正系数；

f——摩阻系数；

Q——流量，L/h；

d——管道内径，mm；

L——管长，m；

m——流量指数；

b——管径指数。

因此，毛管进口水头为 $H_{毛进口}=h_{min}+h_{f毛}=9.12(\mathrm{m})$。

2. 辅管水力计算

选 ϕ25PE 管作为辅管，辅管安装示意图如图 10–3 所示。辅管公称压力 0.60 MPa，内径 20 mm。辅管的沿程水头损失为 $h'_{f辅}$，水头损失计算公式与毛管水头损失计算公式相同。

$$h'_{f辅}=h'_{f辅\,CB}+h'_{f辅\,BA}=0.105(\mathrm{m})$$

$$h'_{f辅}=h'_{f辅}\times 1.2=0.13(\mathrm{m})$$

辅管进口水头为 $$H_{辅进口}=h_{毛进口}+h_{f辅}=9.25(\mathrm{m})$$

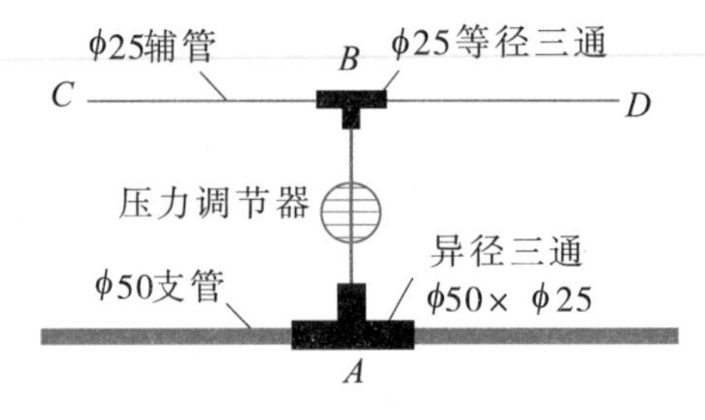

图 10–3　辅管连接示意图

3. 支管水力计算

由于毛管和辅管的实际水头损失为 0.6 m，而允许的最大水头差为 4.12 m，则支管最大允许水头损失 $\Delta h_{支}$为

$$\Delta h_{支}=4.12-0.6=3.52（\mathrm{m}）$$

根据微灌管规格，并考虑到便于旁通与支管的连接，选用选定 ϕ50PE 管作为支管，公称压力 0.60 MPa，内径 42 mm。支管长度为 91.5m，则此种情况下支管的沿程水头损失为

$$h'_{f支}=F\alpha f\frac{Q^m}{d_b}L=2.3(\mathrm{m})$$

$$h'_{f支}=h_{f支}\times 1.1=2.53\mathrm{m}<[\Delta h_{支}]=3.52(\mathrm{m})$$

支管进口水头为 $$H_{1\,支进口}=H_{辅进口}+h_{f支}=11.78(\mathrm{m})$$

4. 干管水力计算

干管长度为 68m，选用 ϕ63PE 管，公称压力 0.60 MPa，内径 53 mm。

$$h_{干}=1.1f\frac{Q_{干}^m}{d^b}L=7.07(\mathrm{m})$$

干管进口处水头为 $$H_{干}=h_{1\,干}+h_{干}=18.85(\mathrm{m})$$

九、首部枢纽设计和动力选型

1. 过滤器、施肥罐

过滤器选择网式过滤器、施肥罐选用压差式 30 L 施肥罐。

2. 阀门

设置控制阀门、进排气阀和压力表。

3. 泵站水泵设计扬程和设计流量

（1）设计流量。在工作制度及轮灌编组确定之后，系统同时工作的最大滴头数 12348 个，则系统的设计流量为

$$Q=n_0q_d=18.28(\mathrm{m^3/h})$$

式中　Q——系统设计流量，$\mathrm{m^3/h}$；

n_0——同时工作滴头数，个；

q_d——微喷头设计流量，$\mathrm{m^3/h}$。

（2）设计扬程。首部枢纽局部水头损失取 10.0 m，则水泵总扬程为

$$H_{扬}=H_{干进口}+\Delta H_{首部}=28.85(\mathrm{m})$$

4. 水泵及动力机选配

根据设计流量和设计扬程，可选用 $50BPZ_{4Z}$−35 水泵，额定流量 20.0 $\mathrm{m^3/h}$，额定扬程 32.5m，配套电动机额定功率 3kW。

系统布置总图参见附图 1。

十、材料统计

滴灌系统的主要材料估算见表 10-1。

表 10-1　　主要材料估算表

序号	设备名称	型号规格	单位	数量
1	水泵机组	$50BPZ_{4Z}$−35	套	1
2	压差施肥罐	30L	只	1
3	滴灌带	内镶式	m	3600
4	PE 管	ϕ25	m	112
5	PE 管	ϕ50	m	183
6	PE 管	ϕ63	m	68
7	压力调节器	ϕ25	个	20
8	过滤器	2" 网式 + 叠片	套	1

续表

序号	设备名称	型号规格	单位	数量
9	*D*16 旁通	简易旁通	件	60
10	变径三通	$\phi 63\times 63\times 50$	个	1
11	变径三通	$\phi 50\times 25\times 25$	个	20
12	变径三通	$\phi 25\times 25\times 25$	个	20
13	弯头	$\phi 63\times 50$	个	1
14	支管堵头	$\phi 50$	个	2
15	进排气阀	$\phi 63$	个	3
16	进水阀	$\phi 63$	个	1
17	逆止阀	$\phi 63$	个	1
18	压力表	$\phi 100$	套	2
19	水表	LXL-60	个	1

案例二　草莓膜下滴灌系统设计

一、基本资料收集

微灌系统设计前应收集的基本资料包括地理位置、地形资料、土壤资料、作物种植、灌溉资料、水文资料、气象资料、社会经济状况和管理体制等方面。本案例收集资料如下：

地理位置：项目区位于建德市杨村桥镇绪塘村和梓源村的草莓节水灌溉基地，面积 300 亩，地势平坦，集中连片。基地由农户承包独立管理经营。

地形资料：采用 1/1000 ~ 1/5000 地形图。

土壤资料：基地土壤为中壤，干容重 1.4 g/cm^3，土层厚度大于 1 m。

作物种植：作物为大棚栽植草莓，棚宽 6m，长 30m。草莓畦面覆膜，畦面宽 40 cm，每畦 2 行，草莓株距 20 cm，行距 20 cm，畦间沟底宽 30 cm，深 30 cm。

灌溉资料：草莓种植一般 9 月中旬开始到次年 5 月，定植初期一般一天灌一次水，采用漫灌形式。苗成活后至现蕾前覆膜，膜下铺设滴灌带，一般每周灌溉一次，其余生长阶段一般 2 周灌溉一次。

水文资料：基地水源位于新安江支流绪塘溪上杨家堰坝，由引水渠引水到田间渠道，再由水泵提水进入滴灌系统。渠道引水流量 0.05 m^3/s，水质良好。

气象资料：多年平均降雨量 1528.3 mm，雨日 160 天，4 月至 7 月上旬梅雨（常规 6 月至 7 月上旬）、历时长、范围大；7 月中旬至 9 月台风暴雨，历时短、强度大。全年平均气温 16.9℃，极端最低温度零下 8.5℃，极端最高温度 42.9℃；年总积温 6180 ℃，无霜期 254 天。多年平均水面蒸发量 852.6 mm，7 月蒸发量较大。每年早春 2—3 月盛行西北风，4—5 月顺时针转为盛行偏东风，6—7 月盛行西南风，盛夏 8 月又转为盛行偏东风。多年平均风速 1.65m/s。年日照 1940 h。

社会经济状况和管理体制：有草莓种植合作社统一技术，农户加盟管理，园区管理规范，配套设施到位，电力供应有保证。

二、滴灌系统规划设计参数确定

（1）设计补充灌溉强度。草莓耗水高峰期为苗期及开花结果期，每天需水 2.5 mm，因此

$$I_a=E_a=E_c=2.5(\text{mm})$$

式中　I_a——设计供水强度，mm/d；

E_a——设计耗水强度，mm/d；

E_c——作物耗水量，mm/d。

（2）土壤湿润比不小于 60%（考虑畦间沟不湿润）。

（3）灌溉水利用系数：0.9。

（4）灌溉保证率：90%。

（5）流量偏差率：20%。

三、水量平衡计算

水泵日供水 10h，则系统控制面积为

$$A=\frac{\eta Q_s t_d}{10I_a}=\frac{0.9\times180\times10}{10\times2.5}=64.8(\text{hm}^2)$$

式中　A——灌溉面积，hm^2；

Q_s——水源可供流量，m^3/h；

η——灌溉水利用系数；

t_d——水泵日供水小时数，h/ 天。

草莓节水灌溉基地面积 300 亩（$20hm^2$），小于 64.8 hm^2，因此，水源水量满足灌溉系统要求。

四、灌水器选择

选择国产内镶式滴灌管，滴头已在出厂前按要求安装于带内，外径 16mm，壁厚 0.2mm，内径 15.6mm。滴头额定工作电压 10kPa，额定流量 1.38L/h，湿润直径为 0.60m，流态指数为 0.5。

五、系统布置及湿润比校核

主管以渠道替代，仅使用部分引水主管，垂直渠道布置；支管垂直主管布置；滴灌毛管长度 30 m，沿大棚长度方向垄上布置，控制宽度 0.4 m，每个大棚布设 7 条毛管，如图 10-4 所示。此种布置条件下系统湿润比校核公式为

$$p=\frac{0.785d_{润}^2}{S_eS_l}=\frac{0.785\times0.6^2}{0.3\times0.4}=2.35>0.6$$

式中 p——土壤湿润比，%；

$d_{润}$——灌水器湿润直径，m；

S_e——灌水器间距，m；

S_l——毛管间距，m。

考虑畦间沟不湿润，并根据草莓不抗旱、不耐涝特性。设计土壤湿润比取 60%，灌水器选择及毛管布置满足要求。单元管网系统布置如图 10-4 所示。

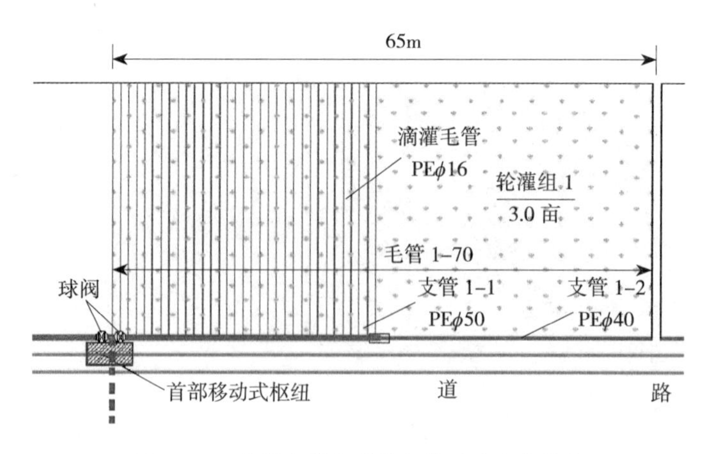

图 10–4　草莓滴灌典型单元管网系统布置图

六、灌溉制度拟定

1. 最大净灌水定额

最大净灌水定额用下式计算：

$$m_{max} = 0.001zp(\theta'_{max} - \theta'_{min})$$

式中　m_{max}——最大净灌水定额，mm；

z——土壤计划湿润层深度，cm；

θ'_{max}——适宜土壤含水率上限（体积百分比），%；

θ'_{min}——适宜土壤含水率下限（体积百分比），%。

计划湿润层取 0.3 m，土壤湿润比 60%，灌溉水利用系数取 0.9，适宜土壤含水率（体积百分比）17% ~ 25%，则最大净灌水定额为 14.4 mm。

2. 设计灌水周期

设计灌水周期由下式计算：

$$T \leqslant T_{max}$$

$$T_{max} = \frac{m_{max}}{I_a} = 5.8\ (\mathrm{d})$$

式中　T——设计灌水周期，d；

T_{max}——最大灌水周期；d。

设计灌水周期取 5d。

3. 设计灌水定额

设计灌水定额由下式计算：

$$m_d = TI_a = 12.5\ (\mathrm{mm})$$

$$m' = \frac{TI_a}{\eta} = 13.9\ (\mathrm{mm})$$

式中　m_d——设计净灌水定额，mm；

m'——设计毛灌水定额，mm。

4. 一次灌水延续时间

$$t = \frac{m' S_e S_1}{q_d} = 1.3(\mathrm{h})$$

式中　t——一次灌水延续时间，h；

q_d——灌水器设计流量，L/h。

七、工作制度拟定

1. 每天可工作的轮数

人工控制轮灌，天黑后不进行灌溉，每天工作时间在 8 h，则

$$n_d = \frac{t_d}{t} = \frac{8}{1.3} \approx 6\ (\text{轮}/\text{d})$$

式中　n_d——一天工作位置数；

t_d——设计日灌水时间，h。

2. 每次同时工作的毛管数

草莓基地由多户种植户承包管理，一般每户管理约 24 亩。承包户完全独立经营管理，每户均配备专用的移动首部。考虑灌水方便，以单独经营户为一个灌水组，组内每 10 个大棚（单个大棚 30m×6m，内布设 7 条毛管）为一个轮灌单元，每户首部控制 8 个轮灌单元（承包户），则每单元同时工作滴灌毛管数为 70 条。

八、管道设计及水力计算

1. 管道设计

（1）支管设计。支管拟采用 PE 管，先用经验公式法初选管径，待进行水力计算后调整管径，经验公式：

$$D = 13\sqrt{Q_{\text{支}}}$$

式中　D——管道内径，mm；

$Q_{\text{支}}$——支管流量，m^3/h。

单向支管长度为 65m，有 70 个出水口。支管前 32.5m，流量为 9.66 m^3/h，选定 ϕ50PE 管，公称压力 0.40 MPa，内径 42 mm；支管后 32.5 m，流量为 4.83 m^3/h，选定 ϕ40PE 管，公称压力 0.25 MPa，内径 34 mm。

（2）干管设计。水泵从渠道引水，分向两边干管，干管流量为 9.66 m^3/h。根据经济流速初选干管管径：

$$D = 13\sqrt{Q_{\text{干}}} = 13\sqrt{9.66} = 40.4(\text{mm})$$

选择 ϕ50PE 管，公称压力 0.40 MPa，内径 42 mm。

2. 管网水力计算

（1）毛管水力计算。

1）毛管允许的最大水头差计算公式。

$$h_{max}=(1+0.65q_v)^{\frac{1}{x}}h_d=12.77(\text{m})$$

$$h_{min}=(1-0.35q_v)^{\frac{1}{x}}h_d=8.65(\text{m})$$

式中　h_{max}——微喷头允许最大水头，m；

h_{min}——微喷头允许最小水头，m；

q_v——流量偏差率；

x——流态指数；

h_d——灌水器设计工作水头，m。

系统允许的最大水头差：$[\Delta h]=h_{max}-h_{min}=12.77-8.65=4.12$（m）。

根据毛管分配的水头差 $[\Delta h_{毛}]=0.5[\Delta h]$，支管分配的水头差 $[\Delta h_{支}]=0.5[\Delta h]$ 的原则，则毛管分配的水头差为 2.06 m，支管分配的水头差为 2.06 m。

2）确定毛管铺设长度。

毛管铺设的极限长度可按下式计算：

$$L_m=\text{INT}\left(\frac{5.446[\Delta h_{毛}]d^{4.75}}{kS_e q_d^{1.75}}\right)^{0.364}S_e$$

$$=\text{INT}\left(\frac{5.446\times2.06\times15.6^{4.75}}{1.1\times0.3\times1.38^{1.75}}\right)^{0.364}\times0.3$$

$$=101.7(\text{m})$$

式中　L_m——毛管铺设极限长度，m；

$[\Delta h_{毛}]$——毛管可分配的水头损失，m；

d——毛管内径，mm。

草莓种植大棚 6m × 30m，毛管宜沿长度方向布置，长度为 30m。每条毛管流量为 138 L/h。其沿程水头损失为

$$h_f'=h_f F=Ff\frac{Q_g^m}{D^b}L=0.079(\text{m})$$

式中　h_f'——等距多孔管沿程水头损失，m；

h_f——沿程水头损失，m；

F——多口系数；

f——摩阻系数；

Q_g——管道流量，L/h；

D——管道内径，mm；

L——管长，m；

m——流量指数；

b——管径指数。

毛管进口水头为

$$H_{毛}=h_{min}+h_{毛}=8.65+0.079=8.73(m)$$

式中　$H_{毛}$——毛管入口压力水头，m；

$h_{毛}$——毛管水头损失，m。

（2）支管水力计算。可分配给支管的水头损失为

$$\Delta h_{支}=[\Delta h]-h_{毛}=4.12-0.079=4.04(m)$$

式中　$\Delta h_{支}$——支管允许最大水头损失，m；

$[\Delta h]$——系统允许最大水头差，m。

支管水头损失计算为

$$h_{f支1}=f\frac{Q_{支}^{m}}{d^{b}}LF=0.505\times\frac{9660^{1.75}}{42^{4.75}}\times 32.5\times 0.369=1.11(m)$$

$$h_{f支2}=f\frac{Q_{支}^{m}}{d^{b}}LF=0.505\times\frac{4830^{1.75}}{34^{4.75}}\times 32.5\times 0.369=0.90(m)$$

$$h_{支}=1.1\times(h_{f支1}+h_{f支2})=2.21(m)$$

$h_{支}<\Delta h_{支}=4.04$ m，故支管水头损失满足要求。

支管进口处水头为

$$H_{支}=H_{毛}+h_{支}=8.73+2.21=10.94(m)$$

式中　$H_{支}$——支管入口压力水头，m；

$h_{支}$——支管水头损失，m。

（3）干管水力计算。水泵从渠道引水，分向两边干管，考虑到渠道、道路及大棚外的距离，每段干管长度取3.0m，干管流量为9.66 m^3/h。一段干管从渠道直接接到支管，长度为2.5 m，另一段干管穿过田间道路后再接支管，长度为4.5 m，水力计算安4.5 m干管进行计算。

选择ϕ50PE管，内径42 mm，公称压力0.40 MPa。干管水头损失为

$$h_{干}=1.1f\frac{Q_{干}^{m}}{d^{b}}L=1.1\times 0.505\times\frac{9660^{1.75}}{42^{4.75}}\times 4.5=0.46(m)$$

则干管进口处水头为：

$$H_{干}=H_{支}+h_{干}=10.94+0.46=11.4(m)$$

式中　$H_{干}$——干管入口压力水头，m；

$h_{干}$——干管水头损失，m。

九、首部枢纽设计和动力选型

1. 过滤器、施肥罐

过滤器选择网式单级筛网过滤器、施肥罐选用压差式 30 L 施肥罐。

2. 阀门

设置控制阀门、进排气阀。

3. 移动式水泵设计扬程和设计流量

（1）设计流量。在工作制度及轮灌编组确定之后，系统同时工作的最大滴头数 7000 个，则系统的设计流量为

$$Q = n_0 q_d = 7000 \times 0.00138 = 9.66(\mathrm{m^3/h})$$

式中　Q——系统设计流量，$\mathrm{m^3/h}$；

n_0——同时工作滴头数，个；

q_d——滴头设计流量，$\mathrm{m^3/h}$。

（2）设计扬程。首部枢纽局部水头损失取 10.0 m，则水泵总扬程为

$$H_{扬} = H_{干进口} + \Delta H_{首部} = 11.4 + 10.0 = 21.4(\mathrm{m})$$

4. 水泵及动力机选配

根据设计流量和设计扬程，可选用 $50BPZ_{3Z}$-20 水泵，额定流量 12.0 $\mathrm{m^3/h}$，额定扬程 22.0 m，配套动力机额定功率 2.5 kW。

系统布置总图如附图 2 所示。

十、材料统计

滴灌系统的主要材料估算见表 10-2。

表 10-2　　主要材料估算

序号	设备名称	型号规格	单位	数量
1	水泵机组	$50BPZ_{3Z}$-20	套	13
2	压差施肥罐	301	只	13
3	滴灌带	内镶式	m	210000
4	PE 管	ϕ50/0.4	m	3425
5	PE 管	ϕ40/0.25	m	3250
6	筛网过滤器	2 英寸网式单级	只	13
7	旁通	简易旁通	件	7000

续表

序号	设备名称	型号规格	单位	数量
8	等径三通	$\phi 50$	个	50
9	毛管堵头	$\phi 16$	件	7000
10	支管堵头	$\phi 40$	件	100
11	进排气阀	$\phi 50$	个	13
12	进水阀	$\phi 50$	个	113
13	管道异径连通件	$\phi 50/\phi 40$	件	100

在生产实践中，可根据作物种类、土壤、地理、气象等因素参考以上两案例进行设计、安装和应用。其中普通（爬地）栽培的西瓜和甜瓜可以参考案例一；搭架栽培的西瓜、甜瓜及茄果类蔬菜等可以参考案例二。

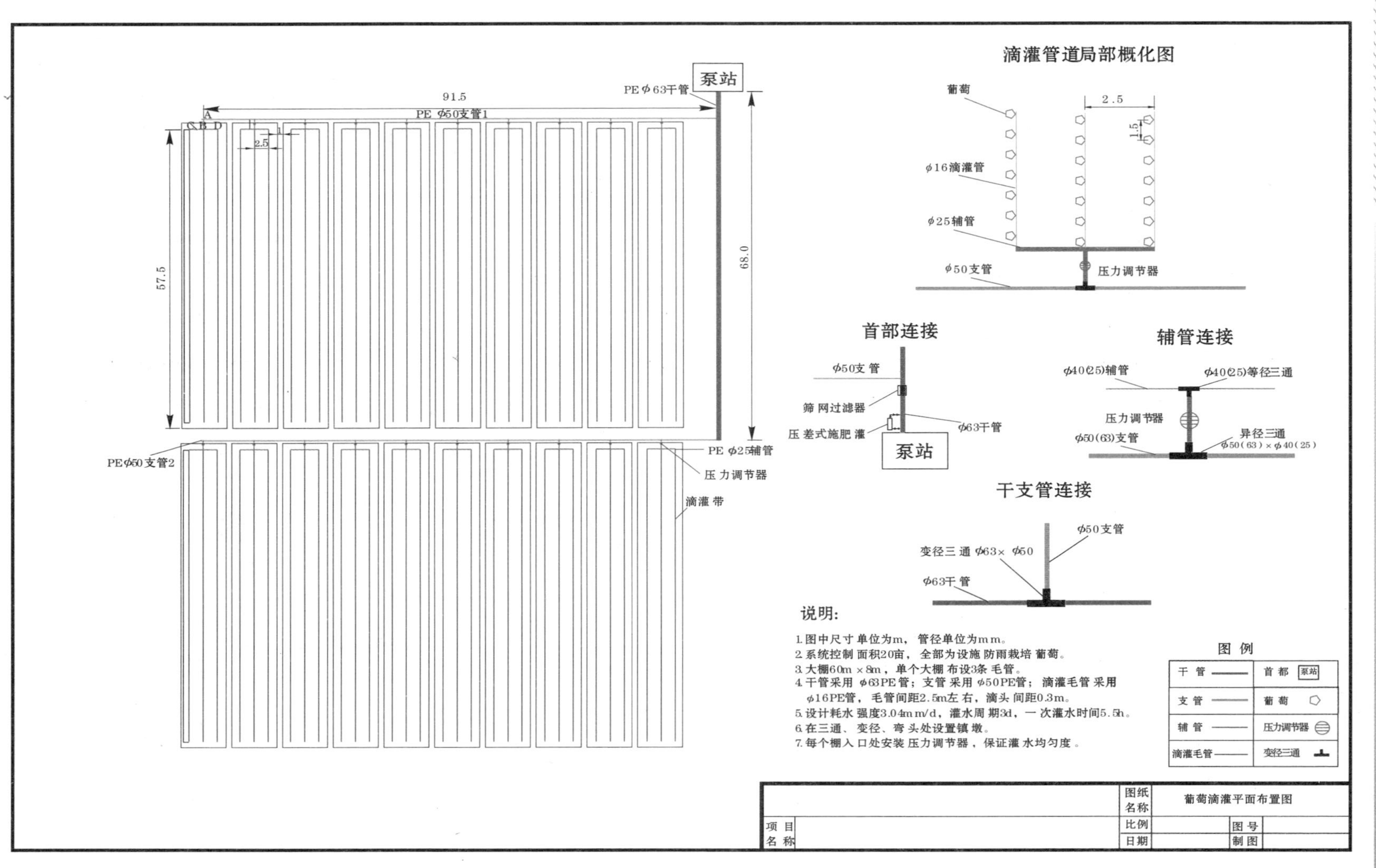

附图 1　葡萄避雨栽培滴灌系统布置总图

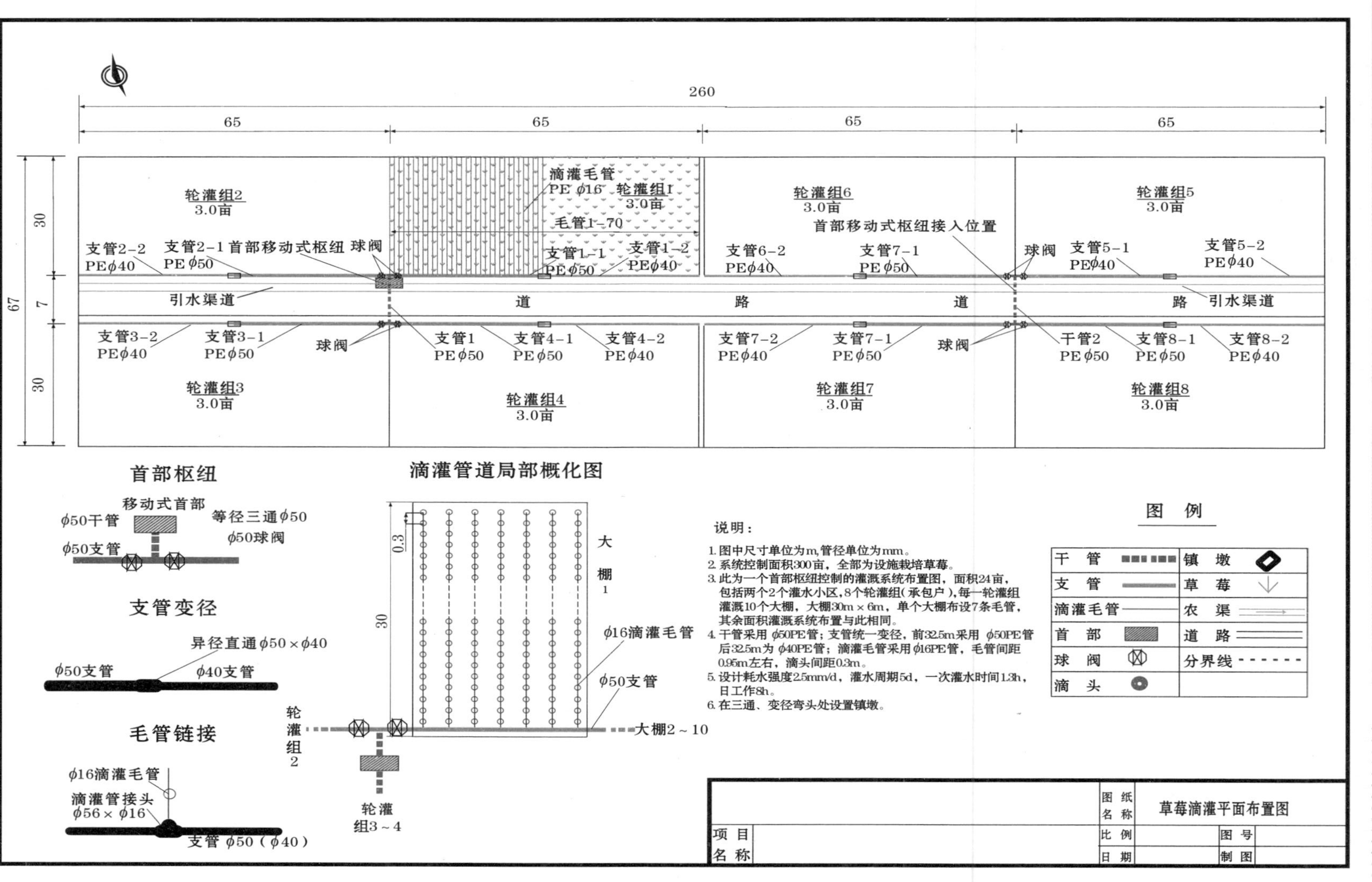

附图 2　草莓膜下滴灌系统布置总图

参 考 文 献

[1] 中华人民共和国水利部 . GB 50288—99 灌溉与排水工程设计规范 [S]. 北京 : 中国计划出版社 ,1999.

[2] 中华人民共和国建设部 .GB/T 50363—2006 节水灌溉工程技术规范 [S]. 北京 : 中国计划出版社 ,2006.

[3] 中华人民共和国水利部 . 中华人民共和国国家质量监督检验检疫总局 . GB/T 50085—2007 喷灌工程技术规范 [S]. 北京：中国水利水电出版社，2007.

[4] 中华人民共和国水利部 . SL 103—95 微灌工程技术规范 [S]. 北京：中国水利水电出版社，1995.

[5] 中华人民共和国国家质量监督检验检疫总局，中国国家标准化管理委员会 .GB/T 20203—2006 农田低压管道输水灌溉工程技术规范 [S]. 北京：中国标准出版社，2006.

[6] 中华人民共和国国家质量监督检验检疫总局，中国国家标准化管理委员会 . GB 5084—2005 农田灌溉水质标准 . 北京：中国计划出版社，2005.

[7] 中华人民共和国住房和城乡建设部，中华人民共和国国家质量监督检验检疫总局 . GB/T 50485—2009 微灌工程技术规范 . 北京：中国计划出版社，2009.

[8] 溉排水技术开发培训中心 . 喷灌与微灌设备 [M]. 北京：中国水利水电出版社，1998:115-140.

[9] 水利部农水司 . 节水灌溉工程实用手册 [M]. 北京：中国水利水电出版社，2005.

[10] 郑耀泉，刘婴谷，金宏智，等 . 喷灌微灌设备使用与维修 [M]. 北京：中国农业出版社，2000:329.

[11] 彭世琪，崔勇 . 微灌施肥实用技术 [M]. 北京：中国农业出版社，2006.

[12] 农业部农民科技教育培训中心 . 节水灌溉技术 [M]. 北京：中国农业出版社，2001.

[13] 樊惠芳 . 灌溉排水工程技术 [M]. 郑州：黄河水利出版社，2010.

[14] 于纪玉 . 节水灌溉技术 [M]. 郑州：黄河水利出版社，2007.

[15] 李宗尧，缴锡云 . 节水灌溉技术 [M]. 郑州：黄河水利出版社，2004.

[16] 匡尚富 , 高占义 , 许迪 . 农业高效用水灌排技术应用研究 [M]. 北京 : 中国农业出版社 ,2001.

[17] 李英能 . 节水农业新技术 [M]. 南昌 : 江西科学技术出版社，1988.

[18] 奕永庆．经济型喷微灌［M］．北京：中国水利水电出版社，2009.

[19] 张彦萍．设施园艺［M］．北京：中国农业出版社，2009.

[20] 浙江省农村水利总站，浙江省水利河口研究院．DB33/T 769—2009 浙江省农业用水定额[S]．杭州：浙江省水利厅，2004.

[21] 张振贤．蔬菜栽培学［M］．北京：中国农业大学出版社，2003.

[22] 周克强．蔬菜栽培［M］．北京：中国农业大学出版社，2007.

[23] 张福墁．设施园艺学［M］．北京：中国农业大学出版社，2007.

[24] 王宇欣，段红平．设施园艺工程与栽培技术［M］．北京：化学工业出版社，2008.

[25] 许志红．许永阳．安全甜瓜高效生产技术［M］．郑州：中原农民出版社，2010.

[26] 费显伟．园艺植物病虫害防治［M］．北京：高等教育出版社,2010.

[27] 周长吉．温室灌溉［M］．北京：化学工业出版社，2005：178-243.

[28] 周张叶．温室灌溉原理与应用［M］．北京：中国农业出版社，2007：116-168.

[29] 葛会波，张学英．草莓安全生产技术［M］．北京：中国农业出版社，2009.

[30] 张静．葡萄优质高效安全生产技术［M］．济南：山东科学技术出版社，2008.

[31] 姬延伟，焦民江，申建勋．葡萄无公害标准化栽培技术［M］．北京：化学工业出版社，2009.

[32] 谭素英．无籽西瓜新品种及关键技术图说［M］．北京：化学工业出版社，2009.

[33] 孔娟娟，张立平，郭书．棚室茄子万元关键技术问答［M］．北京：中国农业出版社，2008.

[34] 王久兴．无公害辣椒安全生产手册［M］．北京：中国农业出版社，2008.

[35] 王沛霖．南方果树设施栽培技术［M］．北京：中国农业出版社，2002.